建筑施工特种作业人员安全技术培训教材

施工升降机
安装拆卸工

《建筑施工特种作业人员安全技术培训教材》编委会　编

中国环境出版集团 · 北京

图书在版编目（CIP）数据

施工升降机安装拆卸工 /《建筑施工特种作业人员安全技术培训教材》编委会编. —北京：中国环境出版集团，2021.10
建筑施工特种作业人员安全技术培训教材
ISBN 978-7-5111-4955-8

Ⅰ.①施… Ⅱ.①建… Ⅲ.①升降机—装配（机械）—安全培训—教材 Ⅳ.①TH211.066

中国版本图书馆 CIP 数据核字（2021）第 221203 号

出 版 人 武德凯
责任编辑 易 萌
责任校对 任 丽
封面设计 彭 杉

出版发行 中国环境出版集团
（100062 北京市东城区广渠门内大街 16 号）
网　址：http://www.cesp.com.cn
电子邮箱：bjgl@cesp.com.cn
联系电话：010-67112765（编辑管理部）
010-67112739（第三分社）
发行热线：010-67125803 010-67113405（传真）

印　刷 北京市联华印刷厂
经　销 各地新华书店
版　次 2021 年 12 月第 1 版
印　次 2021 年 12 月第 1 次印刷
开　本 850×1168 1/32
印　张 9.625
字　数 243 千字
定　价 30.00 元

《建筑施工特种作业人员安全技术培训教材》

编　委　会

（排名不分先后）

前　言

为了加强对建筑施工特种作业人员的管理，防止和减少生产安全事故的发生，提高建筑施工特种作业人员的安全操作技能和自我保护能力，加强建筑施工特种作业人员的安全技术考核培训工作，按照《中华人民共和国安全生产法》《建设工程安全生产管理条例》《安全生产许可证条例》《建筑起重机械安全监督管理规定》《危险性较大的分部分项工程安全管理规定》及其他相关法规的规定，依据《建筑施工特种作业人员管理规定》（建质〔2008〕75号）文件对建筑施工特种作业人员在考核、发证、从业和监督管理工作中的明确要求，我们组织多位专家编写了《建筑施工特种作业人员安全技术培训教材》。

本套教材针对建筑施工特种作业人员的岗位特点，依据《建筑施工特种作业人员培训教材编写大纲》的要求编写。内容深入浅出，通俗易懂，图文并茂，可操作性强，适用于塔式起重机司机、塔式起重机安装拆卸工、建筑起重信号司索工、施工升降机司机、施工升降机安装拆卸工、物料提升机司机、物料提升机安装拆卸工、建筑电工、建筑架子工、高处作业吊篮安装拆卸工的安全技术考核培训，并专门编写了《特种作业安全生产基本知识》作为通用教材，配套使用。

本书为《建筑施工特种作业人员安全技术培训教材》中的一本。全书共 14 章，内容包括力学基础知识，电工基础知识，机械基础知识，液压传动知识，钢结构知识，起重吊装知识，施工升降机的分类及型号，施工升降机的技术参数，施工升降机的安全装置，施工升降机的安装与拆卸，施工升降机的检查内容与方法，施工升降机的维护保养，施工升降机常见故障和排除方法，施工升降机事故案例分析与应急处理。本书与《特种作业安全生产基本知识》配套使用。

本书既可作为建筑施工特种作业人员安全技术考核培训用书，也可作为建设单位、施工单位和建筑类大中专院校的教学及辅导用书。

本书在编写过程中参考了大量的相关标准规范和文献资料，在此向给予我们极大帮助的专家学者表示最衷心的感谢！

限于编写时间仓促，书中不足之处在所难免，敬请同仁和读者批评指正。

目　录

专业基础篇

专业技术篇

专业基础篇

第一章　力学基础知识

第一节　力的概念

一、力的概念

力是物体间相互的机械作用，这种作用一是使物体的机械运动状态发生变化，称为力的外效应；二是使物体产生变形，称为力的内效应。物体间相互的机械作用有两种：一种是直接接触作用；另一种是间接作用，即所谓的“场力”作用，如地球表面上的物体间的作用，电磁铁的动、静铁芯间的磁力作用等。

二、力的单位

在国际单位制中，力的单位为牛［顿］，符号为“N”。我国采用国际单位制。

三、力的三要素

力的大小、方向和作用点称为力的三要素。改变三要素中的任何一个，力对物体的作用效果也随之改变。

四、静力学的基本定律

静力学定律可归纳为以下五条最基本的规律：

1. 两力平衡定律

物体在两个力的作用下保持平衡的条件是这两个力的大小相等、方向相反，且作用在同一条直线上。

2. 加减平衡力系定律

在任意一个已知力系上加上或者减去任意平衡力系，不会改变原力系对刚体的作用效应。

3. 力的平行四边形法则

作用在物体上某一点的两个力，可以合成为一个合力，其合力的大小与方向由这两个已知力为邻边所构成的平行四边形的对角线来表示，这个法则称为力的平行四边形法则。

4. 力的作用与反作用定律

两个物体的作用力与反作用力大小相等、方向相反且沿用一条作用线，分别作用在两个物体上。

5. 力的刚化定律

变形体在某一方系作用下处于平衡，如将此变形体刚化为刚体，则其平衡状态不变。

第二节　力的合成与分解

一、力的合成

当一个物体同时受到几个力的作用时，如果找到这样的一个力，其产生的效果与原来几个力共同作用的效果相同，则这个力叫作原来那几个力的合力。求几个已知力的合力的方法叫作力的合成。

1. 作用在同一直线上力的合成

作用在同一直线上各力的合力，其大小等于各力的代数和，其方向与计算结果的符号方向一致。

2. 两个共点力的合成

作用于同一点并相互成角度的力称为共点力，求两个互成角度的共点力的合力，可用表示这两个力的有向线段作为邻边画一个平行四边形，其对角线就表示合力的大小和方向，这就叫作力的平行四边形法则，如图 1-1 所示。

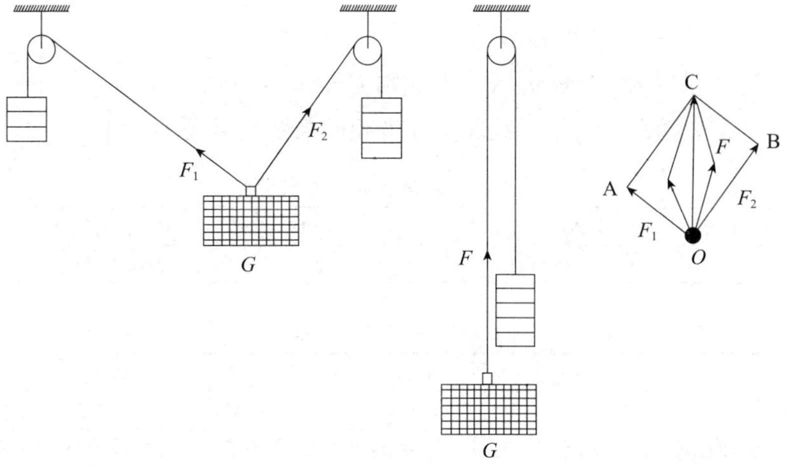

图 1-1　两个共点力的合成

二、力的分解

一个已知力（合力）作用在物体上产生的效果可以用两个或两个以上同时作用的力（分力）来代替。已知一个合力求几个分力的方法叫作力的分解。

力的分解是力的合成的逆运算，同样适用力的平行四边形法则。把已知力作为平行四边形的对角线，平行四边形的两个邻边就是这个已知力的两个分力。

在分析吊索受力时我们经常会用到力的分解方法。下面以使用两根吊索吊重 $G=1$ kN，当吊索与吊垂线夹角为0°、30°、45°、60°时为例，采用三角函数法对每根吊索受力进行分析。吊索承受力可用下列公式计算：

$$F=\frac{G}{n\cos\alpha}$$

式中，α——吊索与铅垂线间夹角；

G——吊物的重力；

n——吊索的根数。

如果以 $K=1/\cos\alpha$ 代入上式则 $F=KG/n$。

K 为随吊索与吊垂线夹角 α 变化的系数，见表1-1和表1-2。

表1-1　随角度变化的K值

α	0°	15°	20°	25°	30°	35°	40°	45°	50°	55°	60°
K	1	1.035	1.06	1.1	1.15	1.22	1.31	1.414	1.56	1.76	2

表1-2　吊索受力计算　　单位：kN

α	0°	30°	45°	60°
K	1	1.15	1.414	2
G/n	0.5	0.5	0.5	0.5
$F=KG/n$	0.5	0.575	0.707	1

三、力的平衡条件

在两个或两个以上力系的作用下，物体保持静止状态或做匀速直线运动，这种情况叫作力的平衡。几个力达到平衡的条件是它们的合力等于0。

第三节　力　矩

一、力矩的概念

力的作用可以改变物体的运动状态，或者使物体发生变形，力还可以使物体发生转动。力使物体转动的效果，不仅与力的大小有关，还与转动轴心到力的作用线的距离（即力臂）有关。物体转动的效应与力的大小、力臂长短成正比。

力与力臂的乘积称为力矩，若力为 F，力臂为 L，则力矩 $(M)=FL$，力矩的法定单位为牛顿·米（N·m）。如图 1-2 所示。

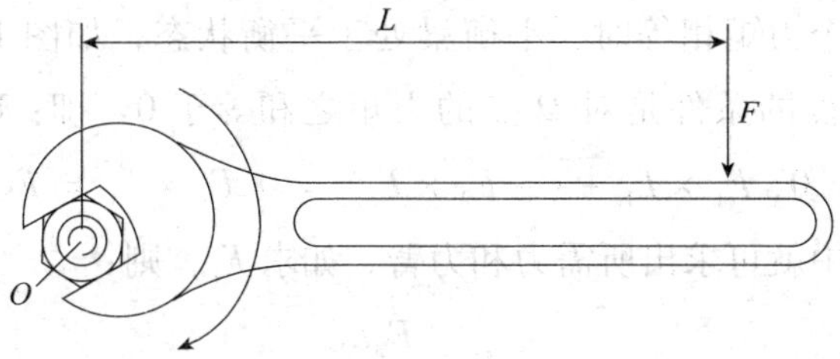

图 1-2　力矩

二、力矩的平衡

我们在日常生活中会接触到许多力矩平衡的问题，如杆秤、货物的支架、塔吊等。因此灵活应用平衡条件便成为解决这类实际问题的关键。力矩平衡的例子很多，如起重吊运中经常使用平衡梁。它和我们看到的杆秤是一样的道理。其计算简图如图 1-3 和图 1-4 所示。

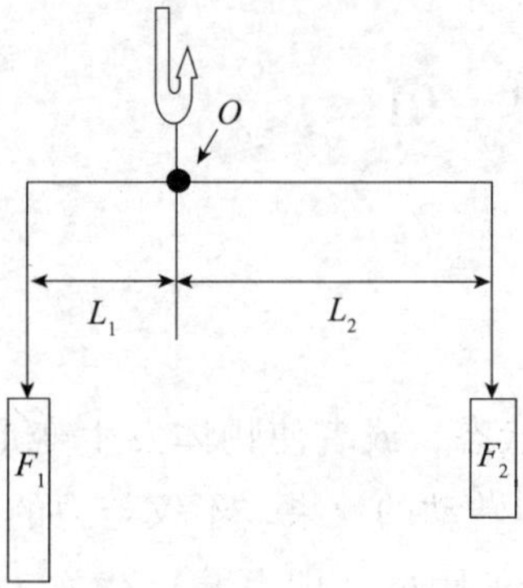

图 1-3　平衡梁处于平衡状态

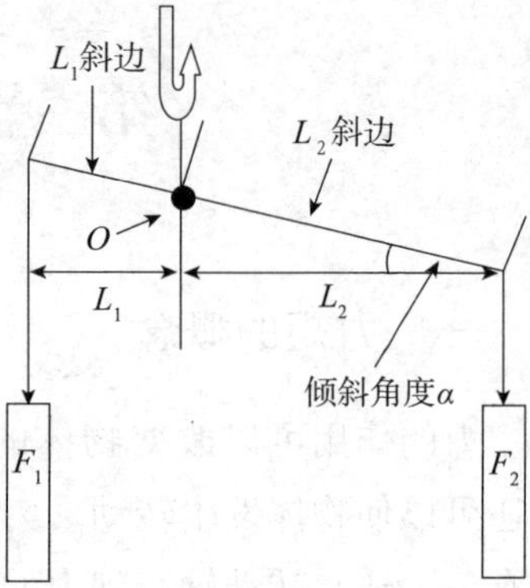

图 1-4　平衡梁处于不平衡状态

1. 力矩的平衡

F_1 绕 O 点的力矩大小为 $M_O = F_1 \times L_1$，逆时针转动；F_2 绕 O 点的力矩大小为 $M_O = -F_2 \times L_2$，顺时针转动。

当两个力矩相等时，平衡梁处于平衡状态，如图 1-3 所示。平衡梁平衡的条件是对 O 点的力矩之和等于 0。即：$M_O(F_1) + M_O(F_2) = 0$，$F_1 \times L_1 + (-F_2 \times L_2) = 0$，$F_1 \times L_1 = F_2 \times L_2$。

从式中就可求出所需力和力臂，如求 F_1，则：

$$F_1 = \frac{F_2 L_2}{L_1}$$

2. 力矩的不平衡

F_1 绕 O 点的力矩大小为 $M_O = F_1 \times L_1$，逆时针转动；F_2 绕 O 点的力矩大小为 $M_O = -F_2 \times L_2$，顺时针转动。当两个力矩不相等时（任意改变其中一个力或力臂的大小），平衡梁处于不平衡状态，如图 1-4 所示。

当力矩发生不相等时，平衡梁就会发生倾斜。同理塔式起重机的超载极有可能引起倾翻倒塌事故。

第四节　物体重量的计算方法

在起吊搬运各种设备或重物时，首先应该知道被吊、搬运设备或重物的重量，根据设备或重物的重量和外形等情况选择合适的起重机具，确定合理的施工方案。这就要求每个特种作业人员都应掌握有关物体面积、体积、密度、质量、重量及单位等的基本概念和简单的计算方法。

一、物体面积的计算

常用规则几何形状面积的计算公式见表1-3。

表1-3　常用规则几何形状面积的计算公式

名称	几何图形	计算公式
正方形	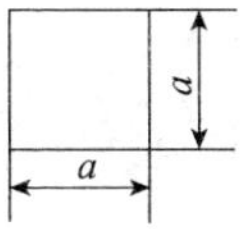	$S=a^2$
长方形	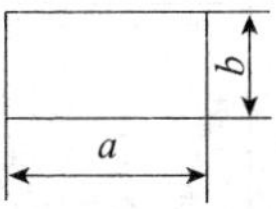	$S=ab$
圆形	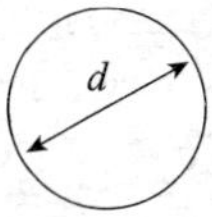	$S=\pi r^2=\pi d^2/4$
圆环形	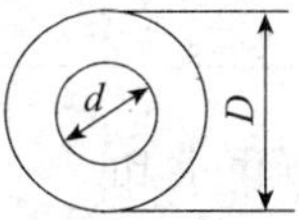	$S=\pi(R^2-r^2)=\pi(D^2-d^2)/4$

在实际工作中，遇到的设备或物体不一定是表 1-3 所介绍的规则几何形状。此时，我们可以把它们分割成几种规则或近似规则的图形，分别计算出结果，然后相加，就能得到总面积。

二、物体体积的计算

要计算物体的质量，就需要知道物体的体积。常见规则几何形状体积计算公式见表 1-4。

表 1-4　常用规则几何形状体积计算公式

名称	几何图形	计算公式
正方体	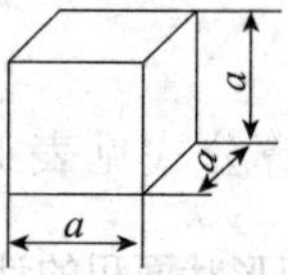	$V = a^3$
长方体	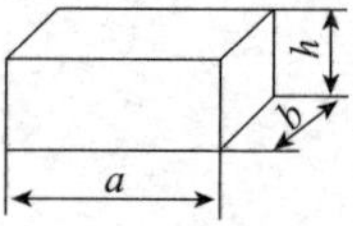	$V = abh$
圆柱体	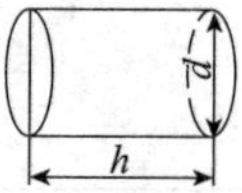	$V = \pi d^2 h/4$
空心圆柱体	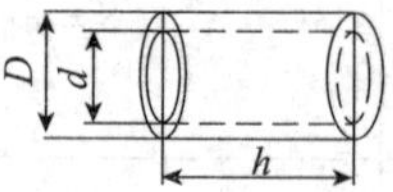	$V = \pi(D^2 - d^2)h/4$

遇到组合形体时，可以分块计算再求和。

圆柱体、空心圆柱体、球体、圆锥体的质量计算有两个公式，有兴趣的学员可套用两个公式计算，答案显然是一样的。遇到组合形体时，可以分块计算再求和（见表1-5）。

三、密度

计算物体质量时，必须知道物体材料的密度。密度就是指某种物质单位体积内所具有的质量，密度的单位由质量单位和体积单位组成；在国际单位中，密度的单位是千克/米^3（kg/m^3），读作：千克每立方米；常用单位有克/厘米^3（g/cm^3）。

四、物体质量的计算

物体的质量等于构成该物体的材料密度与体积的乘积，见表1-5。

表1-5　常用规则几何形状质量的计算公式及计算实例

名称	几何图形	计算公式	计算实例
正方体	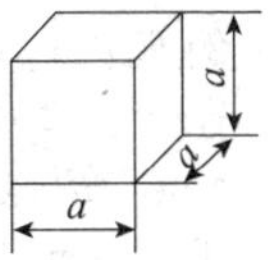	$m = a^3\rho$	例题：边长(a) = 2 m，密度(ρ) = 500 kg/m^3，$m = a^3\rho = 2^3 \times 500 =$ 4 000 kg
长方体	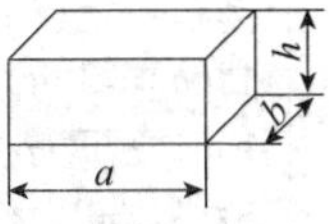	$m = abh\rho$	例题：长（a）= 4 m，宽(b) = 3 m，高(h) = 2 m，密度(ρ) = 500 kg/m^3，$m = abh\rho = 4 \times 3 \times 2 \times 500 = 12\ 000$ kg

续表

名称	几何图形	计算公式	计算实例
圆柱体	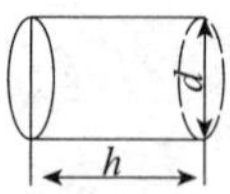	$m=\pi R^2 h\rho$ $=\pi d^2 h/4\rho$	例题：$\pi=3.14$，半径$(R)=2$ m，高$(h)=3$ m，密度$(\rho)=500$ kg/m^3，$m=3.14\times2^2\times3\times500=$ 18 840 kg
空心圆柱体	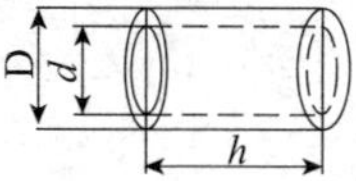	$m=\pi(R^2-r^2)h\rho$ $=\pi(D^2-d^2)h/4\rho$	例题：$\pi=3.14$，大圆半径$(R)=2$ m，小圆半径$(r)=1$ m，高$(h)=3$ m，密度$(\rho)=$ 500 kg/m^3，$m=3.14\times(2^2-1^2)\times3\times500=14\ 130$ kg
球体	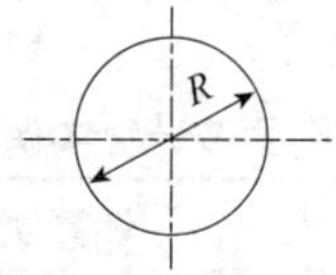	$m=4/3\pi R^3\rho$ $=1/6\pi R^3\rho$	例题：$\pi=3.14$，半径$(R)=2$ m，密度$(\rho)=$ 500 kg/m^3，$m=4/3\times3.14\times2^3\times500=16\ 747$ kg
圆锥体	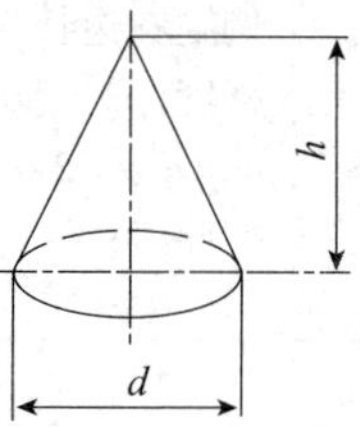	$m=1/12\pi d^2 h\rho$ $=\pi/3R^2 h\rho$	例题：$\pi=3.14$，直径$(d)=2$ m，高$(h)=3$ m，密度$(\rho)=$ 500 kg/m^3，$m=1/12\times3.14\times2^2\times3\times500=1\ 570$ kg
任意三棱体	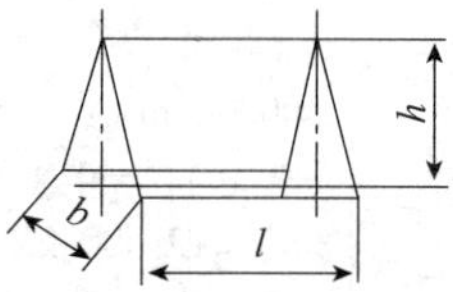	$m=\frac{1}{2}bhl$	例题：宽$(b)=2$ m，高$(h)=3$ m，长$(L)=4$ m，密度$(\rho)=$ 500 kg/m^3，$m=1/2\times2\times3\times4\times500=6\ 000$ kg

注：R、r为大小圆半径，D、d为大小圆直径，ρ为密度，π（3.14）为圆周率。

其表达式为

$$m = \rho V$$

式中，m——物体的质量；

ρ——物体的材料密度；

V——物体的体积。

计算时应注意各参数单位的相互对应。

五、物体重量的计算

物体的重量就是物体所受重力的大小，物体所受的重力是由于地球的吸引而产生的，重力的方向总是竖直向下，物体所受重力大小 G 和物体的质量 m 成正比，其表达式为：

$$G = mg$$

式中，g——9.8 N/kg。

第二章　电工基础知识

第一节　电工学原理

一、电流

电荷的定向移动形成电流。电路中电流常用“I”表示。电流分直流电和交流电两种。电流的大小和方向不随时间变化的叫作直流电。电流的大小和方向随时间变化的叫作交流电。电流的单位是安［培］（A），也常用毫安（mA）或者微安（μA）做单位。1 A = 1 000 mA，1 mA = 1 000 μA。

电流可以用电流表测量。测量的时候，把电流表串联在电路中，要选择电流表指针接近满偏转的量程。这样可以防止因电流过大而损坏电流表。

二、电压

河水之所以能够流动，是因为有水位差；电荷之所以能够流动，是因为有电位差。电位差也就是电压。电压是形成电流的原因。在电路中，电压常用“U”表示。电压的单位是伏［特］（V），也常用毫伏（mV）或者微伏（μV）做单位。1 V = 1 000 mV，1 mV = 1 000 μV。

电压可以用电压表测量。测量的时候，把电压表并联在电路上，要选择电压表指针接近满偏转的量程。如果电路上的电压大小估计不出来，要先用大的量程，粗略测量后再用合适的量程。这样可以防止由于电压过大而损坏电压表。

三、电阻

在电路中对电流通过有阻碍作用并且造成能量消耗的部分叫作电阻。电阻常用“R”表示。电阻的单位是欧［姆］（Ω），也常用千欧（kΩ）或者兆欧（MΩ）做单位。1 kΩ = 1 000 Ω，1 MΩ = 10^6 Ω。导体的电阻由导体的材料、横截面积和长度决定。

电阻可以用万用表欧姆档测量。测量的时候，要选择电表指针接近偏转一半的欧姆档。如果电阻在电路中，要把电阻的一头引脚断开后再进行测量。

四、欧姆定律

导体中的电流（I）与导体两端的电压（U）成正比，与导体的电阻（R）成反比，即 $I = U/R$。这个规律叫作欧姆定律。如果知道电压、电流、电阻三个量中的两个，就可以根据欧姆定律求出第三个量，即

$$I = U/R，R = U/I，U = I \times R$$

在交流电路中，欧姆定律同样成立，但电阻（R）应该改成阻抗（Z），即 $I = U/Z$。

五、电源

把其他形式的能转换成电能的装置叫作电源。发电机能把机械能转换成电能，干电池能把化学能转换成电能。发电机、干电池等叫作电源。通过变压器和整流器，把交流电变成直流电的装

置叫作整流电源。能提供信号的电子设备叫作信号源。晶体三极管能把前面送来的信号加以放大，又把放大了的信号传送到后面的电路中去。晶体三极管对于后面的电路来说，也可以看作信号源。整流电源、信号源有时也叫作电源。

六、负载

把电能转换成其他形式的能的装置叫作负载。电动机能把电能转换成机械能，电阻能把电能转换成热能，电灯泡能把电能转换成热能和光能，扬声器能把电能转换成声能。电动机、电阻、电灯泡、扬声器等都叫作负载。晶体三极管对于前面的信号源来说，也可以看作负载。

七、电路

电流流过的线路叫作电路，如图 2-1 和图 2-2 所示。最简单的电路由电源、负载和导线、开关等元件组成，常用的电路元件及符号见表 2-1。电路处处连通叫作通路。只有通路，电路中才有电流通过。电路某一处断开叫作断路或者开路。电路某一部分的两端直接接通，使这部分的电压变成 0，电流会增大数十倍，叫作短路。

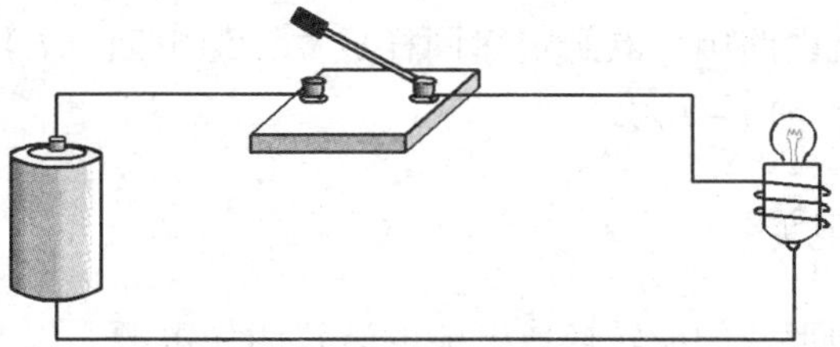

图 2-1　简单的直流电路

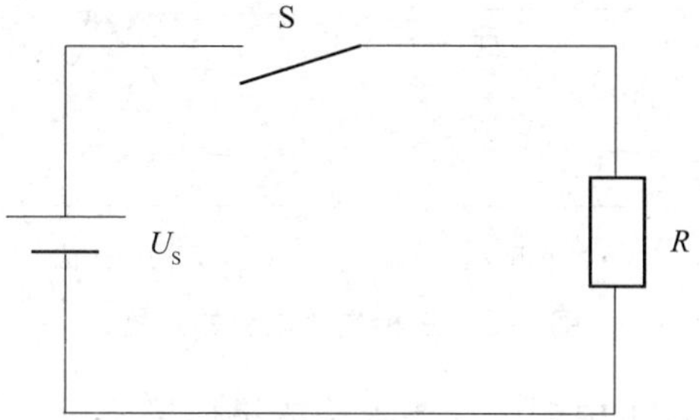

图 2-2　手电筒的电路原理

表 2-1　常用的电路元件名称及符号

名称	符号	名称	符号
电阻	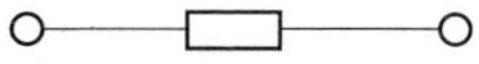	电压表	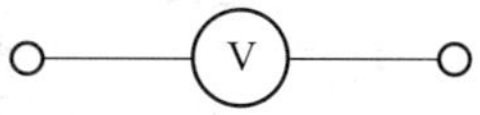
电池		接地	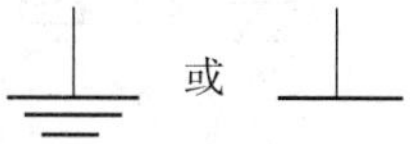
电灯	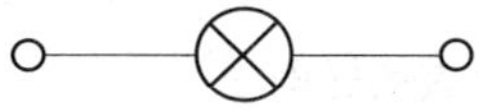	熔断器	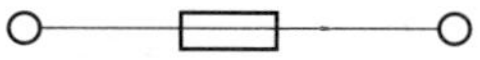
开关		电容	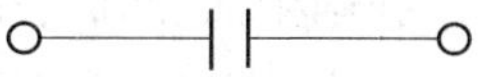
电流表	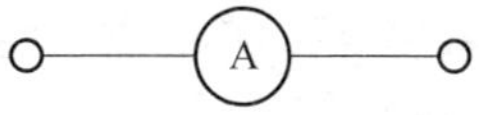	电感	

由三相交流电构成的电路就是三相交流电路。三相交流电源可根据设计接星形或三角形，如图 2-3 所示。星形接法是将三个单相电源的一端连接在一起，合并为一根线，这根线就称为中性线或中线。星形接法的三相电源向负载提供两种电压，即相电压和线电压。相电压是指每一端线与中性线之间的电压，线电压是指每两相线路之间的电压。三角形接法时有两种电流，每相电源上的是相电流，线路上的是线电流。

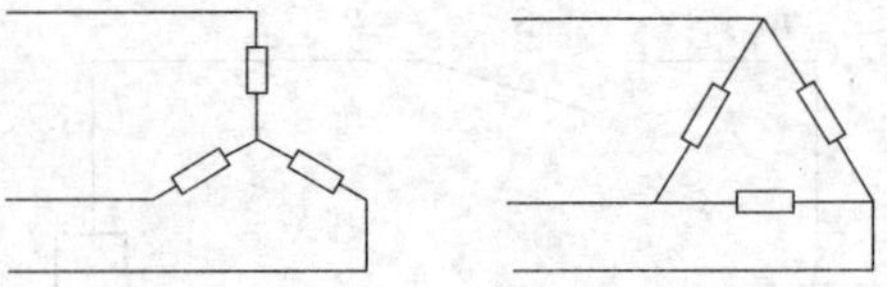

（a）星形接法　　（b）三角形接法

图 2-3　三相交流电路的连接

三相负载也可根据设计要求接成星形接法或三角形接法，如图 2-4 所示。星形接法有线电压与相电压之分，三角形接法也有线电流与相电流之分。

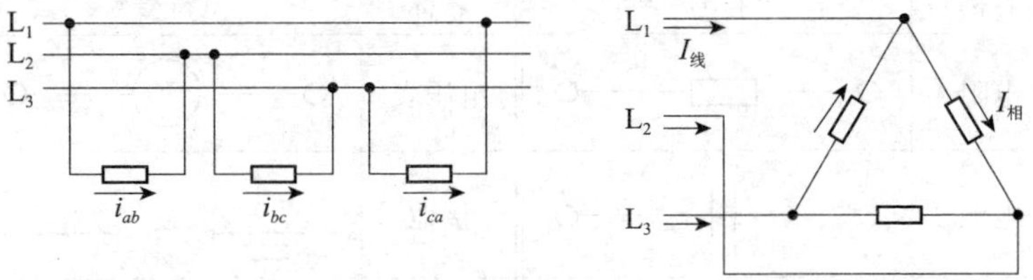

（a）星形接法　　（b）三角形接法

图 2-4　三相负载的连接

我国生活和办公用电都采用 220 V 单相相电压，生产动力用电一般为 380 V 三相线电压。

八、电功率和电能

1. 电功率

电气设备消耗电能，将电能转换为机械能、热能等其他能量。电功率（简称功率）表示电气设备做功的能力，即单位时间所做的功。

在直流电路或纯电阻单相交流电路中，用符号“*P*”表示电功率为：

$$P = UI = I^2R = \frac{U^2}{R}$$

式中，P——电功率；

U——电压；

I——电流；

R——电阻。

在三相交流电路中电功率可以表示为：

$$P_{总}=3P_{相}=3U_{相}\cdot I_{相}\cdot\cos\varphi_{相}=3U_{相}\cdot\frac{I_{线}}{\sqrt{3}}\cdot\cos\varphi_{相}$$

$$=3U_{线}\cdot\frac{I_{线}}{\sqrt{3}}\cdot\cos\varphi_{相}=\sqrt{3}U_{线}\cdot I_{线}\cdot\cos\varphi_{相}$$

功率的国际单位为瓦［特］（W），常用的单位还有毫瓦（mW）、千瓦（kW），1 W＝1 000 mW，1 kW＝1 000 W。

一个电路最终的目的是电源将一定的电功率传送给负载，负载将电能转换成工作所需要的一定形式的能量，即电路中存在发出功率的器件（供能元件）和吸收功率的器件（耗能元件）。

习惯上，通常把耗能元件吸收的功率写成正数，把供能元件发出的功率写成负数，而储能元件（如理想电容、电感元件）既不吸收功率也不发出功率，即其电功率 $P=0$。

通常所说的电功率 P 又叫作有功功率或平均功率。

2. 电能

电能是指在一定的时间内电路元件或设备吸收或发出的电能量，用符号“W”表示，其国际单位为焦耳（J），电能的计算公式为

$$W=Pt=UIt$$

式中，W——电能；

P——有功功率；

t——持续时间；

U——电压；

I——电流。

通常电能用千瓦·时（kW·h）来表示，俗称度（电）；1度（电）=1 kW·h = 3.6×10^6 J，即功率为1 000 W的供能或耗能元件，在1 h的时间内所发出或消耗的电能量为1度。

3. 电气设备的额定值

为了保证电气设备和电路元件能够长期安全地正常工作，国家规定了额定电压、额定电流、额定功率等铭牌数据。

（1）额定电压：电气设备或电路元件在正常工作条件下允许施加的最大电压。

（2）额定电流：电气设备或电路元件在正常工作条件下允许通过的最大电流。

（3）额定功率：在额定电压和额定电流下消耗的功率，即允许消耗的最大功率。

（4）额定工作状态：电气设备或电路元件在额定功率下的工作状态，也称满载状态。

（5）轻载状态：电气设备或电路元件在低于额定功率时的工作状态，轻载时电气设备不能得到充分利用或根本无法正常工作。

（6）过载（超载）状态：电气设备或电路元件在高于额定功率时的工作状态，过载时电气设备很容易被烧坏或造成严重事故。

轻载和过载都是不正常的工作状态，一般是不允许出现的。

第二节　异步电动机

将电能转化为机械能的旋转机械，称为电动机。电动机的种类很多，按取用电能的种类可分为直流电动机和交流电动机，直流电动机具有调速方便、启动转矩大等优点，然而由于它的构造复杂，其应用受到了限制。交流电动机根据构造和工作原理的不同，分为同步电动机和异步电动机。同步电动机构造复杂、成本高、使用和维护困难，一般只在功率较大和要求转速恒定时使用。异步电动机又有鼠笼式异步电动机和绕线式异步电动机两种。此外，异步电动机还根据电源相数不同，有三相电动机和单相电动机。

异步电动机具有构造简单、价格便宜、工作可靠、使用和维护方便等优点，因此在现代生产中是应用最广泛的一种电动机。

一、异步电动机的结构

异步电动机按结构可分为定子和转子两大部分。按各部件的作用，可大致分为“机”“电”“磁”三类部件。

（1）“机”的部件：起到支撑、紧固、防护、冷却等作用，如机座、端盖、轴及轴承、风扇等。

（2）“电”的部件：是用来导电、产生电磁感应的部分，如绕组（线圈）、接线盒、电刷、滑环等。

（3）“磁”的部件：是用来导磁的硅钢片铁芯，可分为定子铁芯及转子铁芯两部分。

鼠笼式异步电动机和绕线式异步电动机的定子部分是相同的，而转子的结构则明显不同。

定子是指异步电动机的静止部分，主要包括定子铁芯、定子绕组、机壳等部件。

定子铁芯是电机磁路的一部分，由硅钢片叠压而成，片间涂以绝缘漆，以减少涡损耗。叠片的内圆冲有定子槽，用来放置定子绕组。

定子绕组是电机的定子电路部分，三相绕组在定子内圆圆周上依次相隔120°的角度对称排列，构成三相对称相电路（空间角

度 =120°/P，P 为电机磁极对数）。根据电源电压情况，三相绕组可采用星形接法或三角形接法。每相绕组由许多线圈按一定规律连接而成，每个绕组的两个有效边分别放置在两个槽内。槽内有槽绝缘，双层绕组还有层间绝缘，槽口处用槽楔将导线压紧在槽内。

机座和端盖是电机的机械支撑部件，其作用是固定定子铁芯，并通过端盖轴承支撑转子，机座也是通风散热部件。为加强冷却效果，机壳外表面设有散热筋片，两侧端盖开通风孔。

转子是指电动机的旋转部分，它是由转子铁芯和转子绕组构成的。转子铁芯固定在转子轴上，也是电机磁路的一部分。铁芯除有径向通风沟外，还有轴向通风孔。转子槽一般不与轴平行，而是扭斜一个角度，以便改善启动性能。转子绕组是指转子槽内的鼠笼条和两端的短路环，用铜或铝制成。转子绕组构成了转子的电路部分，如图 2-5 所示，其作用是产生感应电流和电磁转矩，以驱动转轴旋转。

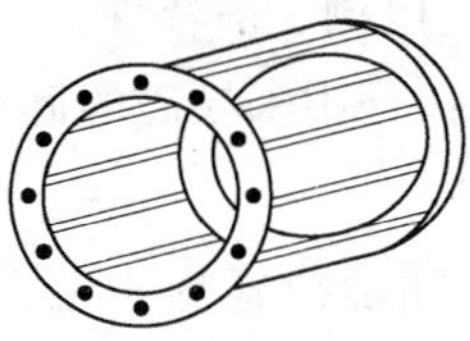

图 2-5　鼠笼式异步电动机转子绕组

绕线式异步电动机的转子包括转子铁芯和转子绕组。转子铁芯与鼠笼式电动机相似，但一般为直槽。转子绕组是用绝缘导线制成的线圈，其嵌入转子铁芯槽中。转子绕组是和定子绕组相似的三相绕组，一般采用星形接法，三个引出线由轴的中心孔引至轴上的三个滑环。转子三相绕组可通过滑环、电刷与变阻器连接，用来改善电动机的启动性能或调节转速，如图 2-6 所示。

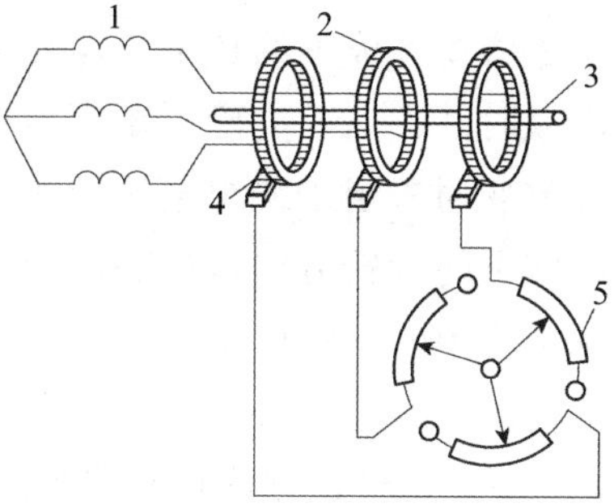

1—绕组；2—滑环；3—轴；4—电刷；5—变阻器。

图 2-6　绕线式异步电动机转子电路

二、异步电动机的转动原理

异步电动机定子绕组通入三相交流电流时，三相合成磁势在电机铁芯内产生旋转磁场。如果磁场旋转的方向是顺时针，如图 2-7 所示，则静止的转子导体与磁场有相对运动，相当于磁场不变而转子向逆时针方向运动。定子磁场 N 极下的转子导体相当于向左做切割磁力线运动，产生感应电动势的方向用右手定则来判断为纸面向外，用符号"⊙"表示。定子磁场 S 极下的转子导体相当于向右做切割磁力线运动，产生感应电动势的方向为垂直面向内，以符号"⊗"表示。所有鼠笼导体短路，绕线式转子导体也是闭合的，因此转子各导体内必有感应电流流过。鼠笼导体成为通电导体，在磁场中将受到电磁力（F）的作

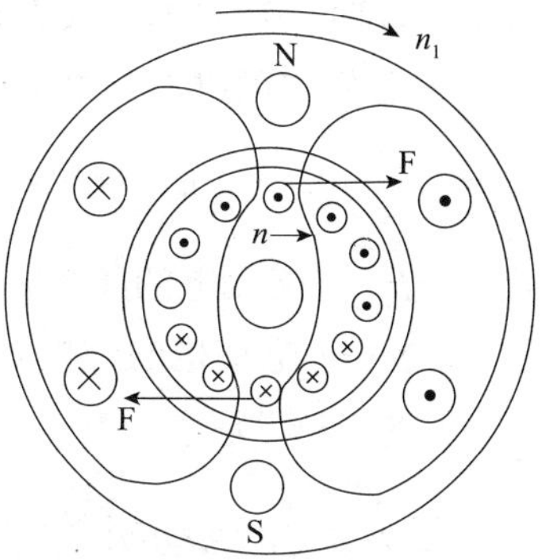

图 2-7　异步电动机工作原理

用，其方向用左手定则来判断。定子磁场N极下的转子导体受力方向为顺时针方向，定子磁场S极下的转子导体受力方向为顺时针方向，所以转子将由顺时针方向的电磁力矩产生，使转子按顺时针方向旋转起来。如改变通入定子绕组电流的顺序，必然会改变旋转磁场的转向，则转子的旋转方向也将随之而改变。利用这一原理，可以解决实际工作中的一些具体问题。

异步电动机转子的速度 n 总是要低于旋转磁场转速 n_1，将两者之间的差值，即 $\Delta n=(n_1-n)$，称为电机转差。转差也就是转子同旋转磁场之间，或者说是转子导体切割磁力线的转速。转差（n_1-n）与旋转磁场的同步转速 n_1 的比值称为异步电动机转差率，以 S 表示。

$$S=\frac{n_1-n}{n_1}$$

转差率 S 是分析异步电动机运转特性一个重要数据。它表示转子的转速与旋转磁场转速的差异程度。当电动机处于启动状态时，由于转子的转速 $n=0$，所以此转差率 $S=1$。当转子转速等于同步转速时（实际是不可能达到的极限状态），则因为 $n=n_1$，所以 $S=0$。因此转差率 S 的变化范围是0~1。当电动机在额定负载下转动时，转差率一般为0.02~0.06。

根据公式可以得到电动机的转速计算公式：

$$n=(1-S)n_1=\frac{60f}{p}(1-S)$$

式中，f——交流电的频率；

p——电动机的磁极对数；

S——转差率。

三、异步电动机的铭牌及技术参数

异步电动机的铭牌是指机座外壳上钉的一块铭牌，上面注明了这台电动机的一些必要的技术数据，我们必须按照铭牌上规定的数据来使用电动机。建筑工地人员流动性大，工作环境差，要特别注意保护好铭牌，防止损坏和丢失，给使用带来困难。

下面是三相异步电动机的铭牌示例：

××××			电机厂编号××××		
		三相异步电动机			
型号	Y160M-4	额定功率	15 kW	额定频率	50 Hz
额定电压	380 V	额定电流	30.3 A	接法	Δ
额定转速	1 460 r/min	温升	75 ℃	绝缘等级	E
护防等级	IP144	重量	150 kg	工作方式	S_1
功率因数	0.88				
				出厂年月××××年×月	

下面介绍三相异步电动机铭牌上面的额定值和技术参数。

1. 额定电压

额定电压表示电动机定子绕组规定使用的线电压，单位是 V 或 kV。如铭牌上有两个电压值，则表示定子绕组在两种不同接法时的线电压。按国家相关标准的规定，电动机额定电压等级分为 220 V、380 V、3 000 V、6 000 V 等。

2. 额定电流

额定电流表示电动机在额定电压及额定功率运行时，电源输入电动机的定子绕组中的线电流，单位是 A。如果铭牌上标有两个电流值，则表示定子绕组在两种不同接法时的线电流。

3. 额定功率

额定功率表示电动机在额定状态下运行时，转轴上输出的机械功率，单位是 W 或 kW。电动机的额定功率 PN 应小于额定状态下输入的电功率，这是因为电动机有功率损耗所致。

4. 额定转速

电动机在额定电压、额定频率和额定功率下工作时转轴的转速，叫作额定转速。拖动大小不同的负载时，转速也不同。一般空载转速略高于额定转速，过载时转速会低于额定转速，单位为 r/min。

5. 定额

定额也称为工作方式或运行方式，按运行持续时间的长短，分为连续、短时和断续三种基本工作制，是选择电动机的重要依据。

（1）连续工作制：其代号为 S_1，是指电动机在铭牌规定的额定值条件下，能够长时间连续运行。适用于水泵、鼓风机等恒定负载设备。

（2）短时工作制：其代号为 S_2，是指电动机在铭牌上规定的额定值条件下，能在限定的时间内短时运行。规定的标准持续时间额有 10 min、30 min、60 min、90 min 四种。

（3）断续工作制：其代号为 S_3，是指电动机在铭牌上规定的额定值条件下，只能断续周期性地运行。一个工作周期为电动机恒定负载运行时间加停歇时间，规定为 10 min，负载持续率规定的标准有 15%、25%、40%、60% 四种。

6. 接法

接法是指电动机在额定电压下定子三相绕组的连接方法。若铭牌中接法标为“Δ”，额定电压标“380 V”，则表明电动机电源电压为 380 V 时应接成三角形。若电压标“380/220 V”，接法标“Y/△”，则表明电源线电压为 380 V 时应接成星形（Y），电源线电压为 220 V 时应接成三角形（△）。电动机定子绕组接线如图 2-8 所示。

在电动机机座上的接线盒内，有各相绕组首、末端的接线柱，供三相绕组内部连接使用。按国家相关标准的规定，Y 系列电动机接线盒内接线端子的标志是“U”表示第一相绕组，“V”

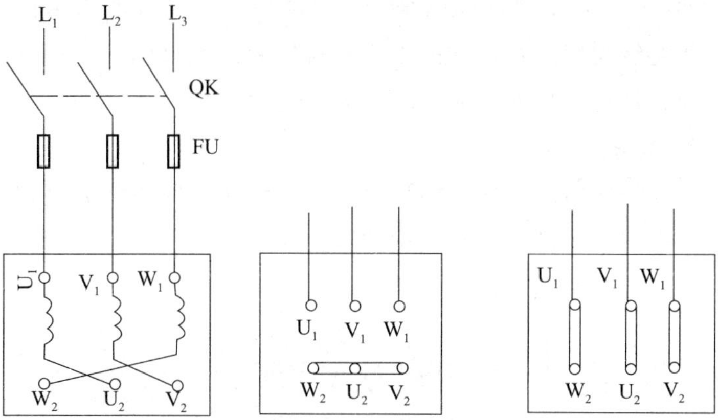

（a）三相绕组内部接线　　（b）星形接法　　（c）三角形接法

图 2-8　电动机定子绕组接线

表示第二相绕组，“W”表示第三相绕组，“1”表示绕组首端，“2”表示绕组末端。

7. 额定频率

额定频率是指接入电动机的交流电源的频率，单位是赫兹（Hz）。我国电力系统的频率是 50 Hz，所有使用的电动机都是 50 Hz 的。

8. 绝缘等级与温升

绝缘等级表示电动机所用绝缘材料的耐热等级。利用电阻法测量各级绝缘电动机的允许温升：A 级绝缘允许极限温度为 105 ℃，允许温升为 60 ℃；E 级绝缘的允许极限温度为 120 ℃，允许温升为 75 ℃；B 级绝缘的允许极限温度为 130 ℃，允许温升为 80 ℃；F 级绝缘的允许极限温度为 155 ℃，允许温升为 100 ℃；H 级绝缘的允许极限温度为 180 ℃，允许温升为 125 ℃；C 级绝缘允许极限温度为 180 ℃以上，允许温升为 125 ℃。上述温升是指绕组的工作温度与环境温度（一般指室温为 35 ℃，有些国产电机规定为 40 ℃）之差值，单位是℃。电动机工作温度的极限值主要取决于绝缘材料的耐热性能，工作温度超过允许值，会使绝缘材料老化，使电动机的寿命缩短，甚至烧毁。

9. 型号

三相异步电动机的产品型号，由汉语拼音字母和数字组合而成，一般有 3 个部分，它表达的意义如下。

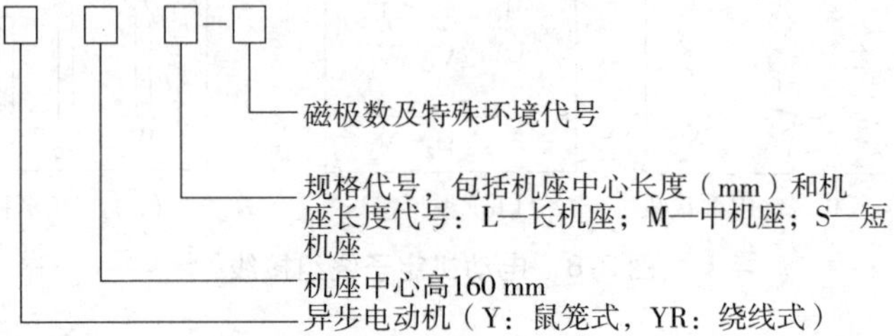

10. 启动转矩与启动能力

电动机加上额定电压启动（转速为 0）时的电磁转矩称为启动转矩。

启动转矩 M_Q 与额定转矩 M_N 之比称为启动转矩倍数，即启动转矩倍数 $=M_Q/M_N$，是异步电动机性能的重要指标。启动转矩越大，电动机加速度越大，启动过程越短，带重负载启动能力也越大，这些都说明启动性能好。反之，若启动转矩太小，会使启动困难，甚至启动不起来，更不能重载启动，而且因启动时间长，还会引起电动机绕组易过热。所以，国家规定电动机的启动转矩不能小于一定的范围，异步电动机的启动转矩倍数多为 1.2 ~ 2。

11. 最大转矩与过载能力

电动机从启动后，随着转速 n 的变化（或转差率 S 的改变）电磁转矩是不断变化的，有一个最大值，称为最大转矩或临界转矩，用 M_{max} 表示。

最大转矩是衡量电动机短时过载能力的一个重要技术指标。最大转矩越大，电动机承受机械荷载冲击的能力也越大。电动机在带负载运行中，若发生了短时过载现象，致使电动机的最大转矩小于负载时的负载转矩时，电动机便会停转，即所谓的“闷车”现象。最大转矩一般也用最大转矩与额定转矩的倍数来表示。最大转矩与额定转矩 M_N 的比值，也称为异步电动机的过载能力，用 λ 表示，即：

$$\lambda = \frac{M_{max}}{M_N}$$

电动机的过载能力，一般为 1.8 ~ 3。

12. 额定转矩

额定转矩（M_N）是指电动机在额定工作状态下，轴上允许输出的转矩值，电动机的额定转矩可根据电动机的额定功率和额定转速用下式求得：

$$M_N = \frac{1\ 000 P_N \times 60}{2\pi n_N} = 9\ 550\ \frac{P_N}{n_N}$$

式中，M_N——电动机的额定转矩，N · m；

P_N——电动机的额定功率，kW；

n_N——电动机的额定转速，r/min。

13. 功率因数

三相异步电动机的功率因数是衡量在异步电动机输入的视在功率中，真正消耗的有功功率所占比例的大小，其值为输入的有功功率 P_1 与视在功率 S 之比，用 $\cos\varphi$ 来表示，即：

$$\cos\varphi = \frac{P_1}{S} = \frac{P_1}{\sqrt{3} U_1 I_1}$$

式中，U_1——电动机的线电压，V；

I_1——电动机的线电流，A；

φ——电压与电流之间的相位角。

电动机功率因数的高低，会直接影响电力系统功率因数的高低，进而影响电气设备的利用率。一般异步电动机在额定状态下的功率因数为0.7～0.93，容量大的电动机功率因数高些；容量小、转速低的电动机功率因数低些。空载运行时功率因数很低，一般不超过0.2。这是因为异步电动机旋转的气隙磁场主磁路中有气隙段，气隙的磁阻比较大，又因定子的三相绕组是分布绕组，漏磁场也较大。建立气隙磁场和漏磁场的磁化电流，是感性的无功电流。空载运行的异步电动机，由于转速接近于同步转速，转子电流接近于0，定子侧电流基本上是纯感性的磁化电流（励磁电流），故功率因数很低。随着负载的增加，电动机的转速降低，转差率变大，转子电流增加。产生电磁转矩的转子电流是有功性质的电流，转子电流增加时必定会引起定子电流相应的增加。所以，电动机负载增加时定子电路中因有功分量电流的增加会使功率因数提高。

14. 效率

电动机从电源吸取的有功功率，称为电动机的输入功率，用 P_1 表示。而电动机转轴上输出的机械功率，称为输出功率，用 P_2 表示。输出功率 P_2 与输入功率 P_1 的比值，称为效率，用 η 表示，即

$$\eta = \frac{P_2}{P_1}$$

输出功率总是小于输入功率，这是因为电动机运行时，内部总有一定的功率损耗。这些损耗包括铜损、铁损及其他损耗。按能量守恒定则，输入功率等于损耗功率与输出功率之和，因此，输出功率总是小于输入功率。

电动机在额定状态下的效率称为额定效率 η_N，额定效率是额

定的输出功率与输入功率的比值，即

$$\eta_N = \frac{P_{2N}}{P_{1N}}$$

一般异步电动机在额定负载下其效率为75% ~92%。异步电动机的效率也是随着负载的大小而变化。空载时效率为0，负载越大，效率也越高，当负载在额定负载的0.7 ~1时，效率最高，运行最经济。

15. 启动电流

电动机转速为0（静止）加上额定电压时的线电流，称为启动电流。异步电动机直接启动时，其启动电流很大，可达到额定电流的5 ~7倍，启动电流也是异步电动机启动性能的重要指标。

启动电流大，对电动机本身和电网都有影响。一方面是使电网电压瞬间下降，另一方面，过大的启动电流将使电动机和线路上的电能损耗增加。所以，对于在启动时会使供电线路电压下降超过一定程度的电动机，应限制其启动电流。

第三节　三相交流电路

现在所用的电源，大多都是三相交流电源，所谓三相交流电，就是三个频率相同、电动势最大值相等，而相位互差120°的正弦交流电。

三相交流电动势是三相交流发电机产生的，它的基本构造是在一对磁极中放置三个彼此相差120°的绕组作为转子，如果我们把发电机转子中三个线圈的末端全部连接于N点，通过一根导线（中性线）引出来，又分别从三个线圈的首端引出三根导线，如

图 2-8 所示，这样就将三个单相电源联合在一起了，我们称这种连接方式为发电机的星形（Y）连接，如图 2-9 所示。

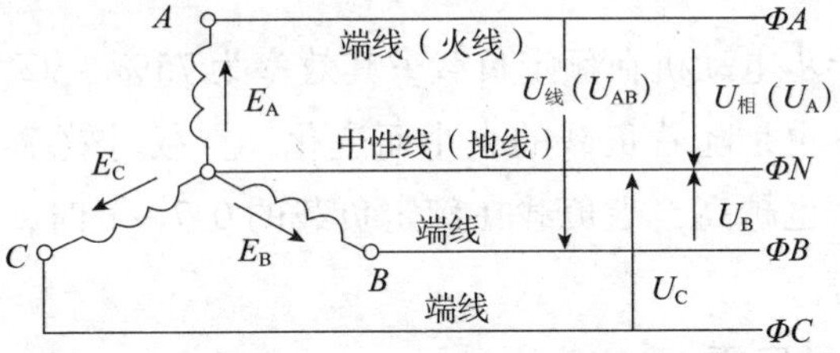

图 2-9　三相交流电的星形连接三相四线制供电

星形连接方式中，任何两根端线之间的电压称为线电压，任何一根端线和中性线之间的电压称为相电压。

我国的三相四线制供电系统中，送至负载的线电压一般为 380 V，相电压则为 220 V。

第四节　临时施工用电工程供电系统和供电方式

一、临时施工用电工程的供电方式

建筑施工用电工程的供电方式，根据配电及工程环境条件，一般可有以下两种：

（一）外电线路供电

外电线路供电方式又可分为四种类型：

（1）采用 380/220 V 市电低压电网供电，即直接将市电公用低压电子表网 380/220 V 电力，以三相四线制形式引入施工用电工程的配电室或总配电箱。

（2）采用邻近 10/0.4 kV 变压器低压侧 380/220 V 电力，以三相四线制形式引入施工用电工程的配电室或总配电箱。

（3）采用在建工程本身正式的 10/0.4 kV 变电所供电，即在工程开工前期先安排正式变电所竣工验收并投入使用，暂作建筑施工用电工程的临时电源。

（4）设置专用的 10/0.4 kV 现场临时变电所，作为施工专用变电所。

（二）自备电源供电

自备电源供电，是指施工现场专设发电机组，其设置主要是作为无法取用外电线路电源或作为外电线路停电时的施工供电电源使用。

二、临时施工用电接地（零）系统

按照《施工现场临时用电安全技术规范》（JGJ 46—2005）中的有关规定：建筑施工现场临时用电工程专用的电源中性点直接接地的 220/380 V 三相四线制低压电力系统，必须采用 TN-S 接地、接零保护系统。

1. TN-S 接地、接零保护系统

TN-S 接地、接零保护系统（以下简称 TN-S 系统）是指在施工用电工程中采用有专用保护零线（PE 线）的、电源中性点直接接地的、220/380 V 三相四线制低压电力系统，或称三相五线系统，该系统主要有以下技术特点：

（1）电力变压器低压侧中性点直接接地，接地电阻值不大于 4 Ω；

（2）电力变压器低压侧共引出 5 条线，其中除引出 3 条分别为黄、绿、红的绝缘相线（火线）L_1、L_2、L_3（A、B、C）外，尚需于变压器二次侧中性点（N）接地处同时引出 2 条零线，一条叫作工作零线（浅蓝色绝缘线）（N 线），另一条叫作保护零线（PE 线）。其中工作零线（N 线）与绝缘相线（L_1、L_2、L_3）一起作为三相四线制工作线路使用；保护零线（PE 线）只做电气设备接零保护使用，即只用于连接电气设备正常情况下不带电的金属外壳、基座等。两种零线（N 线和 PE 线）不得混用，为防止无意识混用，保护零线（PE 线）应采用具有绿、黄双色绝缘标志的绝缘铜线，以与工作零线和相线相区别。同时，为保证接地、接零保护系统可靠，在整个施工现场的 PE 线上还应做不少于 3 处的重复接地，且每处接地电阻值不得大于 10 Ω。

2. TN-S 系统

TN-S 系统如图 2-10 所示。

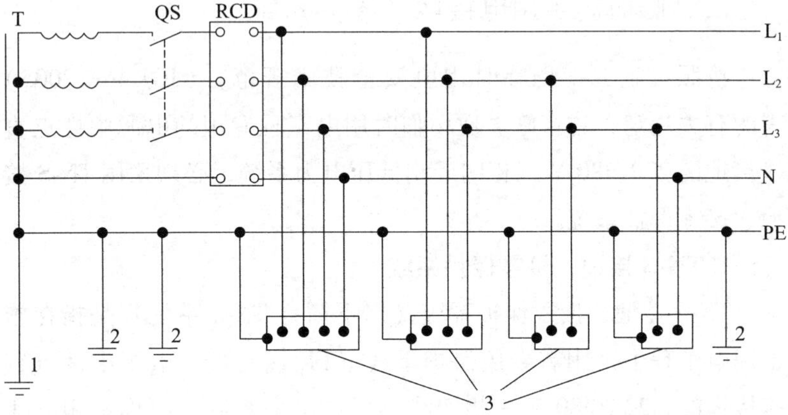

1—工作接地；2—PE 线重复接地；3—电气设备金属外壳（正常不带电的外露可导电部分）；L_1、L_2、L_3—相线；N—工作零线；PE—保护零线；QS—总电源隔离开关；RCD—总漏电保护器（兼有短路、过载、漏电保护功能的漏电断路器）；T—变压器。

图 2-10　专用变压器供电时 TN-S 系统

三、临时用电的配电原则

建筑施工现场专用临时用电的三项基本原则：

（1）必须采用 TN-S 接地、接零保护系统（TN-S 系统）；

（2）必须采用三级配电系统；

（3）必须采用两级漏电保护和两道安全防线。

（一）三级配电系统

三级配电，是指施工现场从电源进线开始至用电设备中间应经过三级配电装置配送电力，即由总配电箱（配电室内的配电柜），经分配电箱（负荷或者用电设备相对集中处），到开关箱（用电设备处）分三个层次逐级配送电力。而开关箱作为末级配电装置，与用电设备之间必须实行“一机一闸”制，即每台用电设备必须有自己专用的控制开关箱，而每一个开关箱只能用于控制一台用电设备。总配电箱、分配电箱内开关电器可设置若干分路，且动力与照明宜分路设置。

（二）两级漏电保护

两级漏电保护和两道安全防线包括两项内容：

（1）设置两级漏电保护系统，两级漏电保护是指在整个施工现场临时用电工程中，总配电箱中必须装设漏电开关，所有开关箱中也必须装设漏电开关。

（2）专用保护零线的实施，保护零线（PE 线）的实施是临时用电的第二道安全防线。二者结合形成了施工现场的防触电的两道安全防线。

在施工现场用电工程中，采用 TN-S 系统，是在工作零线（N 线）以外又增加了一条保护零线（PE 线）是十分必要的。当三相火线用电量不均匀时，工作零线（N 线）就容易带电，而 PE

线始终不带电，那么随着 PE 线在施工现场的敷设和漏电保护器的使用，就形成一个覆盖整个施工现场防止人身（间接接触）触电的安全保护系统。因此 TN-S 接地、接零保护系统与两级漏电保护系统并称为防触电保护系统的两道安全防线。

四、开关箱的电器配置

（1）每台用电设备应有各自的开关箱，动力开关箱与照明开关箱必须分设。

（2）开关箱必须装设隔离开关、断路器或熔断器，以及漏电保护器。当漏电保护器同时具有短路、过载、漏电保护功能的漏电断路器时，可不装设断路器或熔断器。隔离开关应采用分断时具有可见分断点，能同时断开电源所有极的隔离电器，并应设置于电源进线端。当断路器具有可见分断点时，可不另设隔离开关。

（3）漏电保护器应安装在隔离开关的负荷侧，严禁用同一个开关电器直接控制两台及两台以上用电设备（含插座），即“一机一闸一漏一箱”。

（4）开关箱中的隔离开关只可直接控制照明电路和容量不大于3.0 kW 的动力电路，但不应频繁操作。容量大于3.0 kW 的动力电路应采用断路器控制，操作频繁时还应附设接触器或其他启动控制装置。

（5）开关箱中各种开关电器的额定值和动作整定值应与其控制用电设备的额定值和特性相适应。

五、配电箱、开关箱的安装

（1）总配电箱应设在靠近电源的地区，分配电箱应装设在用电设备或负荷相对集中的地区。分配电箱与开关箱的距离不得超过 30 m，开关箱与其控制的固定式用电设备的水平距离不宜超过 3 m。

（2）配电箱、开关箱应装设在干燥、通风及常温的场所，不得装设在有严重损伤作用的瓦斯、烟气、潮气及其他有害介质中，也不得装设在易受外来固体物撞击、强烈振动、液体浸溅及热源烘烤场所，否则，应予以清除或做防护处理。落地安装的配电箱和开关箱，设置地点应平坦并高出地面（室内宜高出地面 50 mm 以上，室外应高出地面 200 mm 以上，底座周围应采取封闭措施，以防止鼠、蛇类等小动物进入箱内），其附近不得堆放杂物。

（3）配电箱和开关箱应安装牢固，便于操作和维修。配电箱、开关箱周围应有足够两个人同时工作的空间和通道，不得堆放任何妨碍操作、维修的物品，不得有灌木、杂草。

（4）配电箱、开关箱必须按其正常的工作要求安装牢固、稳定、端正。固定式配电箱、开关箱的中心点与地面的垂直距离应为 1. 4 ~ 1. 6 m，移动式配电箱、开关箱的中心点与地面的垂直距离宜为 0. 8 ~ 1. 6 m。

（5）配电箱、开关箱内的开关电器（含插座），应按其规定的位置紧固在电器安装板上，不得歪斜和松动。箱内安装的接触器、隔离刀开关、断路器等电气设备，应选用无破损，动作灵活，接触良好可靠，触头无烧蚀现象。各种开关、电器的额定电流值应与其控制用电设备的额定值相匹配。

（6）配电箱、开关箱的进、出线口应配置固定线卡，进出线应加绝缘护套并成束卡固在箱体上，不得与箱体直接接触。移动式配电箱、开关箱的进线和出线应采用橡皮护套绝缘电缆，不得有接头。

（7）配电箱、开关箱应采取防雨、防尘措施，用后应将门加锁，防止他人误操作。

第三章　机械基础知识

第一节　机械识图的一般知识

一、投影及视图

（一）投影的概念

物体在光线的照射下，会在物体背后的平面上产生与物体几何外轮廓相似的影像，这个影像就是投影。投影分为中心投影与平行投影，平行投影又分为正投影与斜投影。由于正投影能真实地反映物体的轮廓和尺寸，在机械制图中一般均采用正投影。

（二）三视图

将构件放置在多面投影体系内，按正投影法向三个互相垂直的投影面作投影，就能得到构件的三个投影，如图 3-1 所示，我们称为构件的三视图。在三个投影面上得到的投影分别称为正面投影（V）即主视图，水平面投影（H）即俯视图，侧面投影（W）即左视图。为了画图和读图的方便，正面投影（V）将三个相互垂直的投影面展开成一个平面，即得到常用的三视图。如图 3-1 所示，三视图的三个视图不是孤立的，其在尺寸上彼此相互关联，主视图反映了构件的长度和高度，俯视图反映了构件的长度和宽度，左视图反映了构件的高度和宽度，由此可得到构件三视图的关系：主视图与俯视图的长对正，主视图与左视图的高平齐，俯视图与左视图的宽度相等。

上述关系即是画图和读图时的要诀“长对正、高平齐、宽相等”。

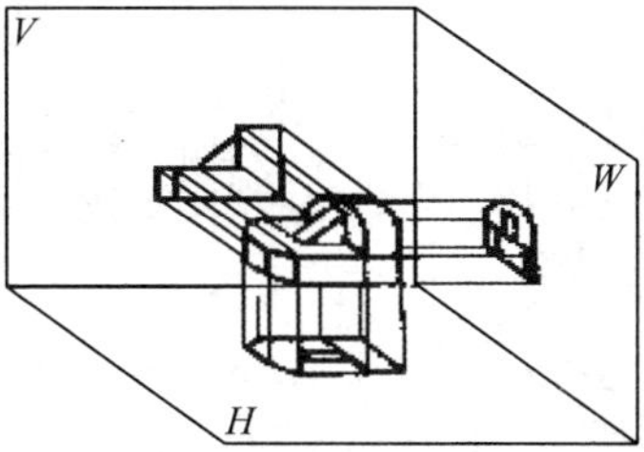

图 3-1　三视图

（三）剖面图和剖视图

1. 剖面图

剖面图即利用一个假设的平面将物体的某一部分切断，仅画出被剖切平面的形状，剖面图有重合剖面图和移出剖面图两种画法，如图 3-2 所示。

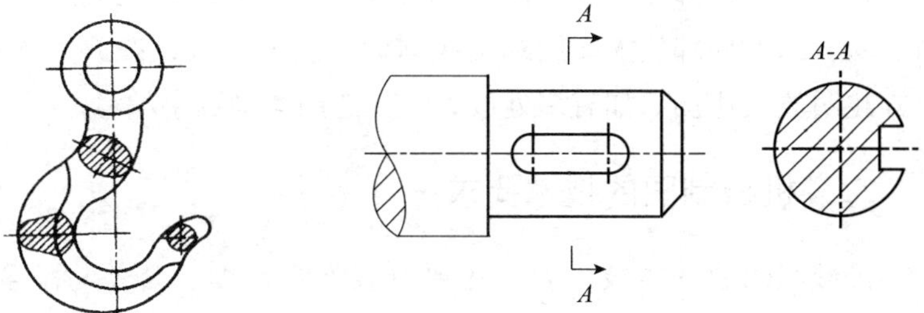

（a）重合剖面图　（b）移出剖面图

图 3-2　剖面图

2. 剖视图

利用一个假设的平面在选定的部位将物体剖开，将构件处于观察和剖切平面之间的前面部分拿掉，而将剖切平面和其后面部分再投影，得到的图形称为剖视图，如图 3-3 所示，机械图中常用剖视图表示构件的内部结构。

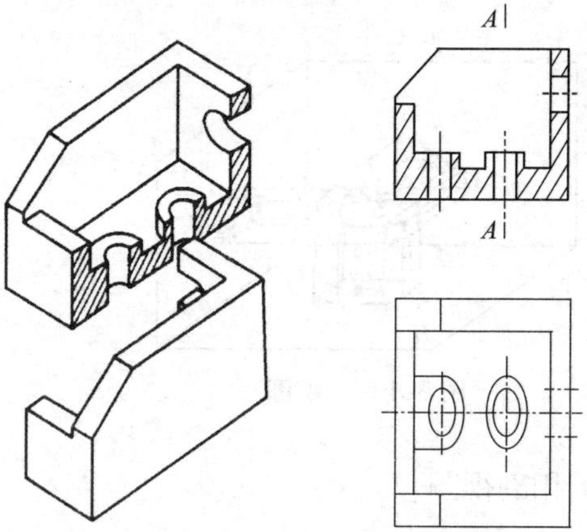

图 3-3　剖视图的画法

（四） 局部放大图

机件上一些细小结构在视图中表达得不够清楚或不便标注尺寸时，可将这些部分放大后画出，这种视图称为局部放大图，如图 3-4 所示。局部放大图用细实线圆标明放大部位，在放大图的上方注明放大比例。如有多处放大时，需用罗马数字编号。

二、机械制图的技术要求

机械制图的基本技术要求主要有表面粗糙度、公差与配合、形状公差和位置公差、零件的材料与热处理。

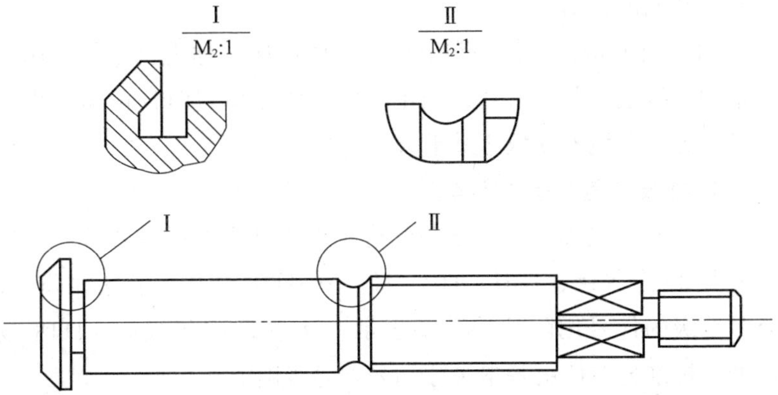

图 3-4 局部放大图的画法

（一） 表面粗糙度

零件的加工表面由于加工而形成的表面微观几何形状误差称为表面粗糙度。其对零件的耐磨性、耐腐蚀性、抗疲劳强度及零件之间的配合有一定的影响。《产品几何技术规范（GPS） 表面结构轮廓法 表面粗糙度参数及其数值》（GB/T 1031—2009）、《产品几何技术规范（GPS） 技术产品文件中表面结构的表示法》（GB/T 131—2006）中对零件表面粗糙度的表示有明确规定。

（二） 公差与配合

1. 公差与配合的基本概念

（1）偏差：指某一实际尺寸（或极限尺寸）减去基本尺寸所得到的代数差，偏差值可以为正值、负值或者0。

（2）极限偏差：指极限尺寸减去基本尺寸所得到的代数差，极限偏差有上偏差和下偏差。上偏差指最大极限尺寸减去基本尺寸所得到的代数差。下偏差指最小极限尺寸减去基本尺寸所得到的代数差。

（3）尺寸公差：允许尺寸的变动量，即最大极限尺寸与最小极限尺寸间的差值。

（4）公差带：上偏差和下偏差之间的区域称为公差带，在公差带中零线表示基本尺寸，当零线画在水平位置时，正偏差线位于其上方，负偏差线位于其下方。

2. 标准公差与基本偏差

（1）标准公差：在极限与配合标准中规定的任一公差。标准公差分 20 个等级，IT01、IT0、IT1……IT18，IT 表示标准公差，公差等级的代号用阿拉伯数字表示。其中 IT01 级最高，IT18 级最低，标准公差值由基本尺寸和公差等级确定。

（2）基本偏差：基本偏差用于确定公差带相对于零线位置的上偏差或下偏差，一般为靠近零线的那个偏差。

3. 配合

配合是指基本尺寸相同的相互结合的孔和轴公差带之间的关系。配合的种类分为间隙（孔的尺寸减去相配合的轴的尺寸之差为正）、过盈（孔的尺寸减去相配合的轴的尺寸之差为负）和过渡。

（1）间隙配合。具有间隙（包括最小间隙等于 0）的配合。此时，孔的公差带在轴的公差带之上。

（2）过盈配合。具有过盈（包括最小过盈等于 0）的配合。此时，孔的公差带在轴的公差带之下。

（3）过渡配合。可能具有间隙或过盈的配合。此时，孔的公差带与轴的公差带相互交叠。

（三）形状公差和位置公差

（1）形状公差。单一实际要素的形状所允许的变动量。

（2）位置公差。关联施加要素的位置对基准允许的变动量。

三、机械图的识读

机械图分为零件图和装配图两种。

（一）零件图的识读

零件是组成机械设备的最小单元，识读零件图是机械识图的基础。

识读零件图的基本要求是：

(1) 根据主视图，借助其他视图，了解零件的外部几何形状和内部结构特点。

(2) 根据图中标注出的零件各部尺寸，基本确定该零件的形状大小。

(3) 对结构复杂的零件，要结合各视图的剖面，想象出零件的结构形状。

（二）装配图的识读

(1) 首先应了解整个装配图的内容，通过标题栏了解各零件的名称及用途。

(2) 了解各部件的作用（传动、支承、调整、润滑、锁紧、密封等），搞清楚其相互之间的装配关系。利用图上所标注的公差和配合，了解各零件之间的配合性质。

第二节　金属材料的一般知识及钢的热处理

一、金属材料的机械性能

机器零件和工具在工作时，常会受到各种不同的外力。金属材料受外力作用时，所表现出来的抵抗破坏的能力，称为机械性能。

机械性能一般包括强度、硬度、弹性、刚性、塑性、韧性和抗疲劳性等。

1. 强度

金属在外力（静载荷）作用下，所表现出来的抵抗变形或破坏的能力叫作强度。抵抗外力的能力越大，强度就越高。强度单位是以 kg/m^2 来表示的。

强度按载荷作用不同又分以下三种：

（1）抗拉强度：外力是拉力时，材料表现出的抵抗能力叫抗拉强度。

（2）抗压强度：外力是压力时，材料表现出的抵抗能力叫抗压强度。

（3）抗弯强度：外力与材料轴线垂直，并在作用后使材料呈弯曲状态，这时材料的抵抗能力叫抗弯强度。

2. 硬度

金属抵抗比它硬的物体压入的能力，叫作硬度。金属被压以后，在它上面留下的压坑越小或越浅，硬度就越高。

常用的硬度有两种：

（1）布氏硬度（HB）：用一定的负荷（一般为 3 000 kgf）把一定大小（直径一般为 10 mm）的淬硬钢球压入材料，然后用材料表面的压痕面积除以负荷，所得的商为硬度值，单位是 kg/mm^2，习惯上常把单位省略。

用这种方法不能试验布氏硬度值高于 450 的金属及金属薄片，并且不能在成品上应用，因为凹坑较大。

（2）洛氏硬度（HRC）：用一定的负荷，把淬硬钢球或 120°圆锥形金刚石压入器压在材料，然后用材料表面的压痕深度来计算硬度大小。洛氏硬度为无量纲数。

3. 弹性

金属材料在外力的作用下产生变形，当外力去除后能恢复原状的能力称为弹性。材料在弹性范围内，外力与变形成正比。金属材料能保持弹性变形的最大应力称为“弹性极限”，用 σ_e 表示。弹性极限的值越大，则说明该材料的弹性越好，即在承受较大的应力时，不致产生永久变形。机械和车辆上的弹簧材料，应具有高的弹性极限，保证弹簧不发生永久变形。

4. 刚性

金属材料受力时能抵抗变形的能力称为刚性。如机床的床身、刀架、顶尖轴、主轴以及钢架桥梁、起重机的悬臂等都要求有良好的刚性。

5. 塑性

金属在一定外力作用下不发生破坏的永久变形的能力。金属受力时，产生塑性变形的程度越大，则塑性越好，塑性大小可用延伸率 δ 来表示。延伸率是指材料受拉力作用断裂时，伸长的长度与原有长度的百分比（%）。

6. 韧性

金属材料在冲击力的作用下，仍不被破坏的能力。抵抗冲击的能力越大，则韧性越好。

7. 抗疲劳性

金属材料在长期交变外力的作用下，仍不被破坏的能力。衡量抗疲劳性大小的指标是疲劳强度。

不同的金属材料，具有不同的机械性能，有的强度大，有的韧性好。不同的机器零件和工具有不同的机械性能要求，如对刀具的要求以硬度高为主；对机器零件以强度和韧性为主。因此，只有充分了解金属材料机械性能，才能更好的掌握金属的应用范围。

二、黑色金属

工业上将金属材料分为黑色金属和有色金属两大类。黑色金属主要是指钢、铸铁和合金，其中钢又分为碳素钢和合金钢。黑色金属材料以外的其他金属材料称为有色金属。

（一）碳素钢

碳素钢的含碳量（C）不大于2%。碳素钢按含碳量的不同可分为低碳钢（$C<0.25\%$）、中碳钢（$C=0.25\%\sim0.6\%$）和高碳钢（$C=0.6\%\sim1.3\%$）三种。它还含有少量硫、磷、硅、锰等杂质。碳是决定碳素钢性能最主要的元素，其他杂质也会对碳素钢性能有一定的影响。

在碳素钢中，碳的含量增加，它的强度和硬度不断提高，则塑性、韧性会不断降低，如果碳增加太多时，反而会使钢的强度降低。

硫和磷均是碳素钢中的有害杂质。硫的含量过大会使碳钢在加热（1 000～1 200 ℃）锻压时极易破裂，即热脆，所以硫的含量应限制在0.07%以下，对机械性能要求不高的钢，为了改善切削性能，含硫量可增至0.18%～0.3%。磷会使钢的塑性和韧性降低，即冷脆，所以磷的含量应限制在0.085%以下。

碳素钢按用途可分类为碳素结构钢、碳素工具钢和易切削结构钢。

（二）合金钢

在钢中加入一种或数种合金元素，以获得特定性能的钢叫作合金钢。可加入钢中的合金元素有锰（含量大于0.8%）、硅（含量大于0.5%）、铬、镍、钼、钨、钒、铝、钛、硼等，它们一般都是在熔炼过程中加入的。

在钢中加入合金元素的目的是为了增加强度和硬度，并具有较高的塑性和韧性，此外能提高钢耐磨、不锈、耐酸等性能，还能减少淬火时产生裂纹的现象。

（三）铸铁

铸铁是一种铁碳合金，碳含量较高，一般在2.0%以上，还含有硅、锰、硫及其他元素。

铸铁的机械性能较差，但是比钢便宜，并具有优良的铸造性，在工业上得到了广泛的应用。铸铁分白口铸铁、灰口铸铁、球墨铸铁、可锻铸铁和合金铸铁等。

1. 白口铸铁

白口铸铁性质硬而脆，不能切削加工，可用于承受强烈挤压和磨损的零件，如拉丝模、球磨机、轧辊等。

2. 灰口铸铁

灰口铸铁的断面呈暗灰色，具有以下特点：抗拉强度小，很容易拉断；抗压强度大（与抗拉强度相比）；硬度低，性质较软，所以容易切削；塑性差，不能进行压力加工；有良好的铸造性能，熔点低、流动性好、冷却凝固时收缩量小。

3. 球墨铸铁

在铸铁的铁水中，加入球化剂（镁或镁合金），使铸铁中石墨成球状，经过球化处理所得到的铸铁叫作球墨铸铁。

球墨铸铁的强度很高，浇铸后的铸件的机械性能为 $\sigma_b = 45 \sim 60\ kg/mm^2$。经过正火处理后，它的机械性能可进一步得到改善，并具有一定的韧性和塑性，其成本比钢低。

球墨铸铁一般用来制曲轴、轴套及大型轧钢轧辊、齿轮等。

4. 可锻铸铁

将一定成分的白口铸铁件（含碳2.2%～2.8%、含硅0.6%～

1.4%）经过长期高温退火，而获得的铸铁叫作可锻铸铁。

可锻铸铁并不能锻造，这个名称仅表示它与普通铸铁相比具有较高的韧性和塑性。

可锻铸铁可用来制造一些形状复杂，强度和韧性要求较高的小截面铸件，如管子接头，炮上某些零件等。

三、钢的热处理

钢的热处理是利用固态金属采用适当的方式进行加热保温和冷却的方法来改变钢的内部组织，从而达到改善钢的性能的一种工艺方法。它不改变钢的化学成分和形状，但能提高零件的使用性能，充分发挥钢材的潜力，延长零件的使用寿命。

常用的热处理方法有退火、正火、淬火、回火、调质、时效处理和表面热处理等。

（一）退火

将钢件加热到临界温度以上（不同钢号的临界温度也不同，一般是710～750 ℃，个别合金钢到800 ℃或900 ℃），在此温度停留一定时间，然后缓慢冷却（一般随炉冷却）的过程叫作退火。

（1）退火的目的：降低硬度，提高塑性，便于切削加工；细化晶粒，均匀组织及成分，以改善钢的机械性能，或者为下步淬火做好准备；消除内应力。

（2）退火的方法有完全退火、球化退火、去应力退火。

（二）正火

将钢件加热到临界温度以上30～50 ℃，保温一段时间，然后放在空气中冷却的过程称为正火。正火冷却速度比退火快，加热和保温时间与退火一样。

正火主要用于普通结构钢零件，当力学性能要求不太高时，可作最终热处理，改善低碳钢或低碳合金钢的切削加工性能；作为预备热处理消除共析钢中网状碳体，改善钢的力学性质并为以后的热处理做准备。

正火实质上是退火的一种特殊形式，具有与退火相似的目的，所不同的是冷却速度比退火快，可以缩短生产周期，比较经济。

（三）淬火

将钢件加热到临界点以上某一温度，保温一段时间，然后在水、盐水或油中（个别材料在空气中）急速冷却的过程叫作淬火。

淬火的目的是提高钢件的硬度和强度。对于工具钢来说，淬火的主要目的是提高它的硬度，以保证刀具的切削性能和冲模工具及量具的耐磨性。对于中碳钢制造的机件来说，淬火是为以后的回火做好结构和性能准备，因为高强度和高韧性并不能在淬火后同时得到，需要再经过回火处理后才能获得的。

（四）回火

将脆硬的钢件加热到临界点以下的温度，保温一段时间，然后在空气中或油中冷却下来的过程叫作回火。

回火的主要目的：

（1）消除或减少工件淬火时产生的内应力，防止工件在使用过程中的变形和开裂。

（2）通过回火提高钢的韧性，适当调整钢的强度和硬度，使工件达到要求的力学性能以满足各种工件的需要。

（3）稳定组织，使工件在使用过程中不发生组织转变，从而保证工件形状和尺寸不变，保证工件的精度。常用的回火方法有低温回火、中温回火、高温回火。

（五）调质

淬火后高温回火，叫作调质。

调质的目的是使钢件获得很高的韧性和足够的强度，使其具有良好的综合性能。很多重要零件（如主轴、丝杆、齿轮）都是经过调质处理的。

调质一般是在零件机械加工以后进行，也可把锻坯或经过粗加工的光坯调质后再进行机械加工。

（六）时效处理

为了消除毛坯制造时产生的内应力，防止或减少由于内应力引起变形所采用的处理方法叫作时效处理。

自然时效是将要加工的机件先在需要加工的表面上进行粗加工，然后在露天中停放一段时期或将机件（如丝杠）吊挂数天，使其内应力逐渐削弱。自然时效效果好，但周期长且效率低。

人工时效是将机件在低温回火后，精加工之前，加热到100～160℃，保持10～40 h，然后慢慢冷却。人工时效效率高，但费用也高。

（七）表面热处理

表面热处理是通过改变钢件表层的化学成分，而改变表层组织和性能的热处理方法，它和一般热处理方法不同。

1. 钢的渗碳

钢件表面把碳原子渗入的过程叫作渗碳。渗碳用于低碳钢和低合金钢（含碳量0.1%～0.25%），含碳量高于0.3%的钢很少用。

钢件经过渗碳并淬火以后具有高的表面硬度（HRC＝60～65）和耐磨性，而中心仍保持高的韧性。一些受冲击的耐磨零件，如轴、齿轮、凸轮、活塞销等零件大都有进行渗碳。

2. 钢的渗氮

钢件表面渗入氮原子的过程叫作渗氮。渗氮多用于含铝、铬、钼等元素的中碳合金钢。

钢件经过渗氮后，能提高表层的硬度、耐磨性、耐腐蚀性和疲劳强度。重要的螺栓、螺帽、销钉等零件常用这种方法。

3. 钢的氰化

钢件表面同时渗入碳原子和氮原子的过程叫作氰化。氰化不但适用于中碳钢、低碳钢和合金钢，还可用于高速钢刀具。经过氰化的钢件表面硬度和耐磨性都有所提高。

（八）发黑处理

将金属零件放在很浓的碱和氧化剂溶液中加热氧化，使金属表面产生一层带有磁性的四氧化三铁薄膜的过程叫作发黑处理。

发黑处理属于氧化处理方法的一种，它的主要目的是使金属表面防锈，增加金属表面的美观和光泽，消除淬火过程中的应力作用。

发黑处理主要应用于碳素钢和低碳合金工具钢。由于受材料和其他因素的影响，发黑薄膜层颜色有蓝黑色、黑色、红棕色、棕褐色等，其组织较致密，厚度为 $0.6 \sim 0.8\ \mu m$。

第三节　机械零件的一般知识

一、键及键连接

键是用来连接轴和轴上的转动件。用键连接的零件是可以拆卸的。连接时，键安装在轴的键座和零件的键槽中。键有斜键、平键、半圆键和花键四种。

键是标准件，根据键在连接时的松紧状态不同，可分为松键连接和紧键连接两类。

松键连接

常用的松键连接有平键连接、半圆键连接、花键连接。

松键连接以键的两侧面为工作面，故键宽与键槽需紧密配合，而键的顶面与轴上零件之间有一定的间隙。因此松键连接时轴与轴上零件连接时的对中性好，特别是在高速精密传动中应用更多。但松键连接不能承受轴向力，所以轴上零件需要轴向固定时，需应用其他固定方法。

1. 平键连接

平键分为普通平键、导向平键和滑键三种。

（1）普通平键。如图 3-5 所示，这种键应用最广。根据端部结构不同，分为圆头普通平键、方头普通平键和单圆头普通平键三种。A 型平键用于端铣刀加工的轴槽，常用于轴的中部；B 型平键用于盘铣刀加工的轴槽，常用于轴端或轴的中部；C 型平键一般用于轴端的连接。

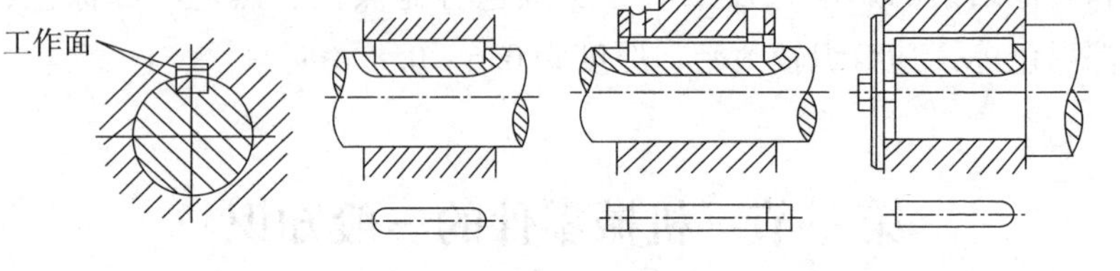

（a）工作截面　（b）圆头普通平键　（c）方头普通平键　（d）单圆头普通平键

图 3-5　普通平键的种类

（2）导向平键和滑键。当轴上零件在工作过程中需做轴向移动时，需采用由导向平键或滑键组成的动连接，如图 3-6 所示。导向平键用螺钉固定在轴上的键槽中，工作时键对轴上滑动零件起导向作用，其端部有圆头和方头两种。当零件滑移距离较大时，宜采用滑键连接。将滑键固定在轮毂上，并与轮毂一起在轴上的键槽中滑动。

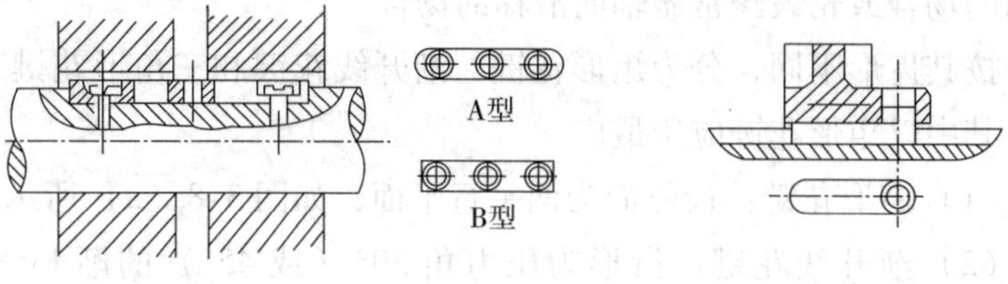

（a）导向平键联接　　（b）滑键联接（键槽已裁短）

图 3-6　导向平键和滑键

2. 半圆键连接

如图 3-7 所示，半圆键呈半圆形，轴槽也是相应的半圆形，轮毂槽开通。半圆键可绕槽底圆弧摆动，这样能自动适应轮毂的装配。半圆键工作时靠其侧面来传递转矩。这种连接的优点是工艺性较好，装配方便；缺点是轴上键槽较深，对轴的强度削弱较大，主要用于轻载或辅助性连接中，尤其适用于锥形轴与轮毂的连接。

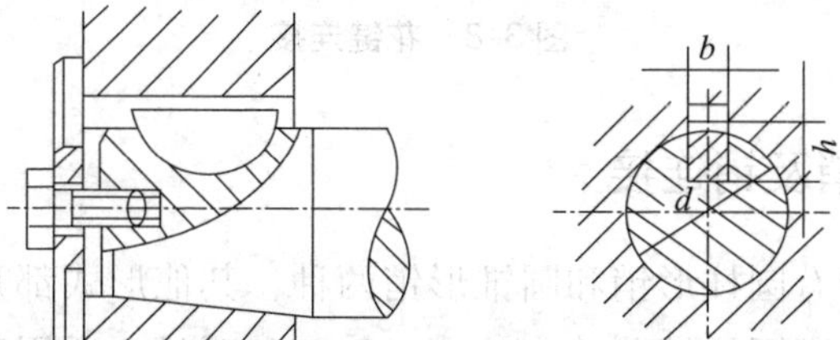

图 3-7　半圆键连接

3. 花键连接

花键连接是由带键齿的花键轴和带键齿的轮毂所组成的。应用特点是工作时依靠键齿的侧面来传递转矩，由于连接的键齿较多，因此能传递较大的载荷，且轴上零件与轴的对中性和沿轴向移动的导向性都较好。同时由于键槽较浅，故对轴的强度削弱较小。但其加工复杂、成本较高，多用于载荷较大和定心精度要求较高的场合或轮毂经常做轴向滑移的场合。

按其齿形不同，分为矩形花键、渐开线花键和三角形花键三种，其中以矩形花键应用最广。

（1）矩形花键：齿侧面为两平行平面，如图 3-8（a）所示。

（2）渐开线花键：齿形为压力角 30°（或 45°）的渐开线，如图 3-8（b）所示。

（3）三角形花键：内花键齿形为直线齿形，外花键齿形为压力角 45°的渐开线，如图 3-8（c）所示。

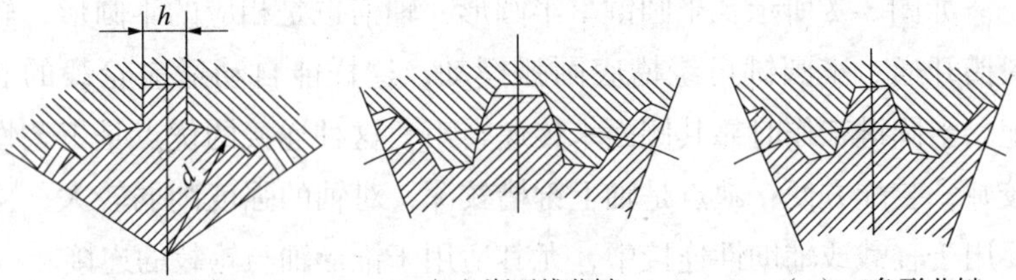

（a）矩形花键　　（b）渐开线花键　　（c）三角形花键

图 3-8　花键连接

二、销及销连接

销主要有圆柱形销和圆锥形销两种，其他形式都是由此演化而来的。普通圆柱销分 A、B、C、D 四种型号，适用于不常拆卸的零件定位；普通圆锥销分 A、B 两种型号，A 型精度高，圆锥销适用于经常拆卸的零件定位。

销连接的主要功用是定位、传递运动和动力，以及作为安全装置中的过载剪断零件。

（一）定位零件

固定零件间的相互位置，起这种作用的圆柱销或圆锥销，通常称为定位销。

图 3-9 为应用圆锥销实现定位的示例，因为圆锥销具有 1∶50 的锥度，具有可靠的自锁性，可以在同一销孔中经多次装拆而不影响被连接零件的相互位置的精度。定位销一般不承受载荷或只承受很小的载荷，直径可按结构要求来确定。使用的数目不得少于两个。销在每一联接件内的长度为销直径的 1～2 倍。

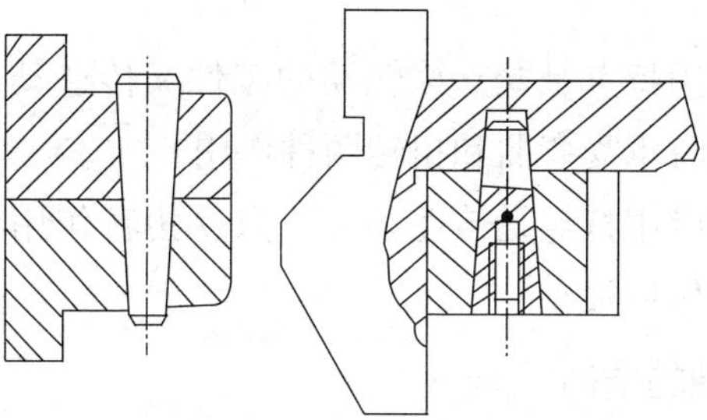

图 3-9　圆锥销定位

（二） 传递横向力或转矩

使用圆柱销或圆锥销可传递不大的横向力或转矩，如图 3-10 所示。圆柱孔需铰制，依靠过盈配合而连接紧固。

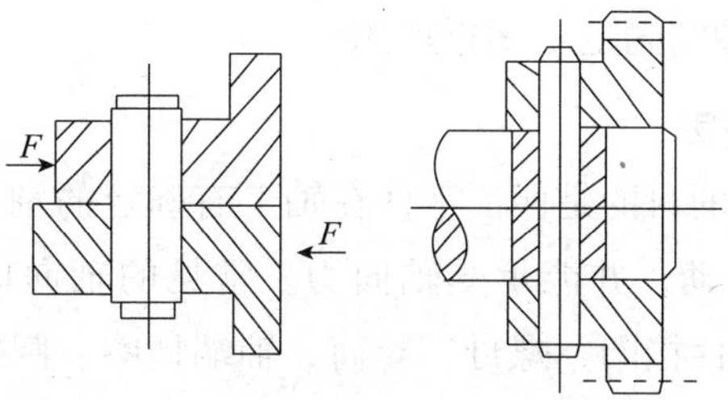

图 3-10　传递横向力或转矩

（三） 作为安全装置中的被剪断零件

在传递横向力或转矩过载时，销就会被剪断，从而保护连接件，这种销称为安全销。安全销可用于传动装置的过载保护，如安全联轴器等过载时的被剪断零件。

三、轴及轴向固定、轴向定位

轴按荷载性质不同可以分为心轴、转轴和传动轴三种。

心轴的应用特点是用来支撑传动的零件，只受弯曲作用而不传递动力。

转轴的应用特点是既支撑转动的零件又传递动力，转轴本身是转动的，同时承受弯曲和扭转两种作用。

传动轴的应用特点是传递动力，只受扭转作用而不受弯曲作用，或受弯曲作用很小。

（一） 轴的结构

在考虑轴的结构时，应满足3个方面的要求：

（1）轴的受力合理，以利于提高轴的强度和刚度。

（2）安装在轴上的零件要能牢固而可靠的相对固定。

（3）轴上结构应便于加工、装拆和调整，并尽量减少应力集中。

（二） 轴向固定、轴向定位

1. 轴向固定

轴向固定的目的是保证零件在轴上有确定的轴向位置，防止零件做轴向移动，并能承受轴向力。常见的轴向固定种类有轴肩、轴环、弹性挡圈、螺母、套筒、轴端挡圈、圆锥面和紧定螺钉等结构均可起到轴向固定的作用。

2. 轴向定位和固定

轴向定位和固定的目的是保证零件传递转矩，防止零件与轴产生相对转动。实际使用时，常采用键、花键、销、紧定螺钉、过盈配合、非圆轴等结构，这些结构均可起到轴向定位和固定的作用。

四、轴承

支撑轴颈的部分叫轴承，任何一种轴都要由轴承支撑起来才能工作，因此轴承在建筑机械中是重要的部件。其作用是支撑轴及轴上零件，保持轴的旋转精度和减少轴与支承间的摩擦和磨损。机械性能的好坏，寿命的长短，常取决于轴承的选择是否正确。

轴承按照工作时摩擦性质不同，可分为滑动轴承和滚动轴承。

1. 滑动轴承

滑动轴承由轴承座、轴瓦和并紧螺帽组成。主轴在轴瓦中旋转，产生滑动摩擦。

2. 滚动轴承

在高速旋转的机器上，为减少摩擦和磨损，可以采用滚动轴承，滚动轴承有滚珠轴承和滚柱轴承两种。

3. 滑动轴承和滚动轴承的特点

（1）滑动轴承适用于高速、高精度、重载和有较大冲击的场合，也应用于不重要的低速机器中。

（2）滚动轴承具有摩擦阻力小、启动灵敏、效率高，可用预紧的方法提高支承刚度与旋转精度，润滑简便和有互换性等优点；主要缺点是抗冲击能力较差，高速时出现噪声和轴承径向尺寸大，与滑动轴承相比，寿命较低。滚动轴承的基本构造如图 3-11 所示。滚动轴承一般由内圈 1、外圈 2、滚动体 3 和保持架 4 组成。内、外圈上通常制有沟槽，其作用是限制滚动体轴向位移和降低滚动体与内、外圈间的接触应力。内、外圈分别与轴颈和轴承座配合，通常是内圈随轴颈转动而外圈固定不动，但也有外圈转动而内圈固定不动的情况，当内、外圈相对转动时，滚动体就在滚道内滚动。保持架的作用是使滚动体等距分布，并减少滚动体间的摩擦和磨损。

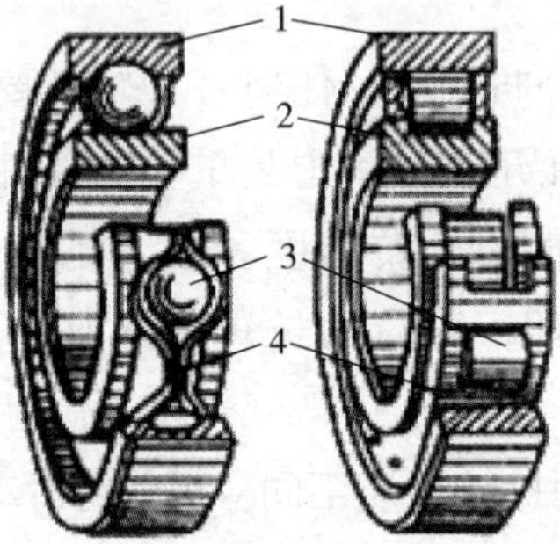

1—内圈；2—外圈；3—滚动体；4—保持架。

图 3-11　滚动轴承的基本构造

五、螺纹

螺纹应用得非常广泛。螺纹的主要作用是把两个（或更多）零件连接起来，称为连接螺纹。用来传递动力用的称为传动螺纹。螺纹分为左旋螺纹和右旋螺纹，一般常用的为右旋螺纹。

（一）螺纹形的种类

螺纹的种类有以下几种（如图 3-15 所示）：

1. 三角形螺纹

（1）公制螺纹：公制螺纹的牙形为正三角形，牙形角为 60°。按螺距的大小分为普通粗牙螺纹和普通细牙螺纹两种。普通粗牙螺纹用字母 M 表示，如 M16 表示公称直径为 16 mm、螺距为 2 mm 的粗牙螺纹。普通细牙螺纹用“字母及公称直径 × 螺距”表示，如 M10 ×1.25，表示公称直径为 10 mm、螺距为 1.25 mm 的细牙螺纹。公制螺纹应用最广泛。

（2）英制螺纹：英制螺纹只用于制造国外进口的一些机器的配件上。牙形角为55°。习惯上用公称直径（单位为英寸）及每英寸牙数表示，尺寸单位采用代号。如7/16″×14表示公称直径为7/16英寸的粗牙（每英寸14牙）的英制螺纹。

（3）管螺纹：管螺纹用于管端，因管壁较薄，不宜采用普通尺寸的螺纹，它的公称直径是管子的内径（以英寸计），如G3/4″－2左，表示公称直径3/4″的管螺纹，精度2级，左旋（右旋不标）。

2. 矩形螺纹

矩形螺纹的牙形一般是正方形，牙厚为螺距的一半，效率较高，对中准确性较差，如图3-12（b）所示。

3. 梯形螺纹

梯形螺纹的牙形为等腰梯形，广泛应用于传力螺旋传动中，加工工艺性好，牙根强度高，但螺纹副对中性精度差，如图3-12（c）所示。

4. 锯齿螺纹

锯齿螺纹的牙形为不等边梯形。效率较矩形螺纹略低，而强度较大，多用于单相传力的起重螺旋等，如图3-12（d）所示。

5. 圆形螺纹

圆形螺纹的外轮廓是半圆形，如图3-12（e）所示。

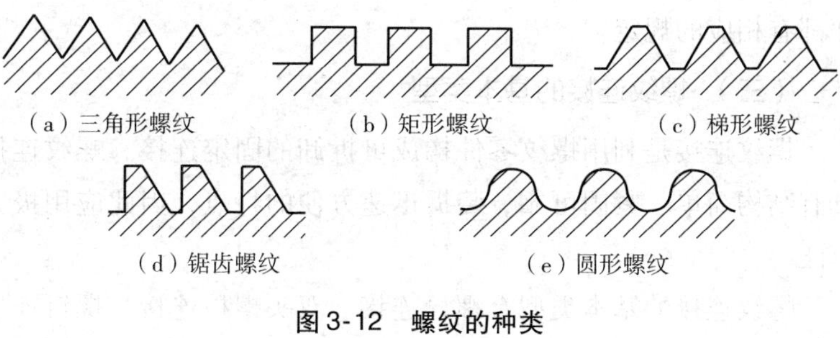

（a）三角形螺纹　（b）矩形螺纹　（c）梯形螺纹

（d）锯齿螺纹　（e）圆形螺纹

图3-12　螺纹的种类

（二） 常用的螺纹连接件

1. 螺栓与螺钉

螺栓与螺钉的连接按其用途可分为紧固用的、紧定用的、堵塞用的和特殊用途等，其中，用于紧固的最多，一般按其头部形状可分为六方头、四方头、圆柱头、半圆头、带榫的、方颈的等。

2. 螺母

螺母或称螺帽，主要是配合螺栓、螺钉等做连接固定用，主要有六方螺母、四方螺母、带槽螺母、蝶形螺母等。

3. 垫圈

（1）光垫圈：起隔离零件表面、分散零件表面压力的作用。

（2）弹簧垫圈：防止螺母或其他连接件松动。

（3）止退垫圈：能承受反向回转力矩，有单耳、双耳、外舌、内舌、圆螺母等止退垫圈。

（4）特殊垫圈：能起各种特殊作用的垫圈，如球面垫圈、锥面垫圈、开口垫圈等。

（5）弹性挡圈：用在轴上或孔内，防止滚动轴承、齿轮等轴向位移，通常称为卡簧。

上述常用的连接件国家都已纳入标准制造，种类的形状与尺寸都有相应的规定。

（三） 螺纹连接的基本类型

螺纹连接是利用螺纹零件构成可拆卸的固定连接。螺纹连接具有结构简单、紧固可靠、装拆迅速方便的特点，因此应用极为广泛。

螺纹连接的基本类型有螺栓连接、双头螺柱连接、螺钉连接和紧定螺钉连接四种，它们的特点及应用如下：

1. 螺栓连接

螺栓穿过被连接件的通孔，与螺母组合使用，结构简单、装拆方便，适用于被连接件厚度不大且能够从两面进行装配的场合。

2. 双头螺柱连接

将螺柱上螺纹较短的一端旋入并紧定在被连接件之一的螺纹孔中，不再拆下，适用于被连接件之一较厚，不宜制作通孔及需经常拆卸，连接紧固或紧密程度要求较高的场合。

3. 螺钉连接

螺钉穿过较薄被连接件的通孔，直接旋入较厚被连接件的螺纹孔中，不用螺母，结构紧凑，适用于被连接件较厚，受力不大，且不经常装拆，连接紧固或紧密程度要求不太高的场合。

4. 紧定螺钉连接

利用螺钉的末端顶入另一被连接件的凹坑中，以固定两零件的相对位置，可传递不大的横向力或转矩。

六、高强度螺栓

（一）高强度螺栓的定义

普通螺栓的材料一般是 Q235 碳素结构钢制造，性能等级一般为 4.4 级、4.8 级、5.6 级。

螺栓的性能等级在 8.8 级以上者，称为高强度螺栓。高强度螺栓的制作材料有 45 号钢、35CrMoA 或其他优质材料，制成后再进行热处理，提高了螺栓强度。高强度螺栓可承受的载荷比同规格的普通螺栓要大。常见的高强度螺栓如图 3-13 所示。

（二）高强度螺栓的受力特点

普通螺栓连接靠栓杆抗剪和孔壁承压来传递剪力，拧紧螺帽

（a）高强度大六角螺栓　（b）高强度T形槽螺栓　（c）扭剪型高强度螺栓

图3-13　常见的高强度螺栓

时产生的预压力很小，其影响可以忽略不计，而高强度螺栓通过施加预压力，靠摩擦力传递外力，螺栓连接会施加很大预压力，使连接构件间产生挤压力，从而使垂直于螺杆的方向有很大摩擦力，而且预拉力、抗滑移系数和钢材种类都直接影响高强度螺栓的承载力。

高强度螺栓连接具有施工简单、受力性能好、可拆换、耐疲劳，以及在动力荷载作用下不致松动等优点。

高强度螺栓实际上有摩擦型和承压型两种。

（1）摩擦型高强度螺栓承受剪力的准则是设计荷载引起的剪力不超过摩擦力。

（2）承压型高强度螺栓则是以杆身不被剪坏或板件不被压坏为设计准则。

（三）高强度螺栓的使用

（1）螺栓、螺母、垫圈均应附有质量证明书。

（2）高强度螺栓应按规格分类存放，并防雨、防潮，保持洁净、干燥状态。

（3）必须按批号、同批内配套使用，不得混放、混用。

（4）遇有螺栓、螺母不配套，螺纹损伤时，不得使用。

（5）螺栓、螺母、垫圈有下列情况为不合格品，禁止使用。

1）来源（制造厂）不明者；

2）机械性能不明者；

3）扭矩系数 k 不明者；

4）有裂纹、伤痕、毛刺、弯曲、铁锈、螺纹磨损、油污、被水淋湿过或有缺陷者；

5）未附带性能试验报告者；

6）与其他批号螺栓混合者；

7）长度不够的螺栓，即拧紧后螺栓头露不出螺母端面者（一般伸出螺母端面的长度以 2～3 扣螺纹为宜）连接副扭矩系数超过保证期的。

（四）高强度螺栓的安装要求

（1）安装时组件摩擦面应保持干燥，不应在雨中作业。

（2）安装时禁止锤击打入螺栓以防止螺栓丝扣受损。

（3）使用活动扳手的扳口尺寸应与螺母的尺寸相符，不应在小扳手上加套管。高空作业时应使用死扳手，如用活扳手时需用绳子拴牢，安装人员要系好安全带。

（4）安装时高强度螺栓应自由穿入孔内，不得强行敲打。扭剪型高强度螺栓的垫圈安在螺母一侧，垫圈孔有倒角的一侧应和螺母接触，不得装反（高强度大六角头螺栓的垫圈应安装在螺栓头一侧和螺母一侧，垫圈孔有倒角的一侧应和螺栓头接触，不得装反）。螺栓不能自由穿入时，不得用气割扩孔。

（5）螺栓穿入方向应一致，穿入高强度螺栓用扳手紧固后，再卸下临时螺栓，以高强度螺栓替换。

（6）高强度螺栓的紧固必须分两次进行，第一次紧固为初拧。初拧紧固到螺栓标准轴力（即设计预拉力）的 60%～80%，初拧的扭矩值不得小于终拧扭矩值的 30%。第二次紧固为终拧，终拧时扭剪型高强度螺栓应将梅花卡头拧掉。如为螺栓群，所有螺栓受力应均匀，初拧、终拧都应按一定顺序进行。

七、传动

将能量由原动机传送到工作机的一套装置称为传动装置，这个过程称为传动。传动能进行能量的分配，改变运动的状态和运动的速度。传动分为带传动、齿轮传动和蜗轮蜗杆传动三种。

（一）带传动

（1）带传动是用带做中间挠性件，靠摩擦力工作的一种传动。按带的剖面形状可分为平行带、三角带和圆形带。平行带是利用底面与带轮之间的摩擦来传递动力；三角带则是靠两斜面与带轮之间的摩擦力来传递动力；圆形带传递动力较小，只用于小功率的机器和仪器上。

（2）在带传动中，由于传动带长期受到拉力的作用，将会产生永久变形，使带的长度增加，因而造成张紧能力减小，张紧变松弛，传动能力降低。为了保持带在传动中的能力，所以带传动要有张紧装置。常用的张紧方法有调整中心距、使用张紧轮。

（3）带轮的包角：带与带轮接触的弧长所对应的中心角称为带轮的包角。包角越大，接触的弧长就越长，接触面之间所产生的摩擦力总和就越大，从而能保证传动。一般使用时包角 $\alpha \geqslant 120°$。

（4）带传动具有过载保护功能。

（二）齿轮传动

齿轮传动在建筑机械中应用得比较广泛，是利用齿轮间齿与齿的压力来传动的，两个齿轮互相配合在一起工作，称为齿轮的啮合。齿轮传动属刚性传动。

1. 对齿轮传动的基本要求

啮合传动是比较复杂的运动过程，所以在采用啮合传动时对齿轮有要求：

①传动要平稳。要求齿轮在传动过程中，任何瞬时的传动比都要保持恒定不变，以保持传动的平稳性，避免或减少传动中的噪声、冲击和振动。

②承载能力要强。要求齿轮的尺寸小，重量轻，而承受载荷的能力大，即要求强度高，耐磨性好，寿命长。

2. 齿轮传动的分类

齿轮的类型很多，各种齿轮形状不同，常见的齿轮有圆柱形齿轮、圆锥形齿轮、蜗轮蜗杆等几种。

3. 齿轮的传动比

主动齿轮与从动齿轮的转速（角速度）之比称为齿传动的传动比。其公式为

$$i = n_1/n_2 = z_2$$

式中，i——齿轮的传动比；

z_2——从动齿轮的齿数；

n_1——主动齿轮的转速；

n_2——从动齿轮的转速。

4. 齿轮的失效

齿轮在传动中，如果在载荷的作用下发生折断、齿面损坏等现象，齿就会失去了正常工作的能力，称为齿轮的失效。齿轮的失效形式有轮齿的点蚀、齿面磨损、齿面度胶合、轮齿折断、塑性变形。

（三）　蜗轮蜗杆传动

蜗轮蜗杆传动多用于空间两交叉在90°的传动。蜗轮实际上是一个斜齿轮，而蜗杆是一种梯形螺纹。这种传动中，蜗轮通常为从动件，而蜗杆为主动件。

蜗轮蜗杆传动的传动比：

$$i = n_1/n_2 = z_2/z_1$$

式中，i——蜗轮蜗杆传动的传动比；

n_1——蜗杆的转速；

n_2——蜗轮的转速；

z_1——蜗杆的头数（即有几根螺旋线）；

z_2——蜗轮的齿数。

八、链传动

（一）链传动的类型

链传动是以链条为中间传动件的啮合传动，如图 3-14 所示。链传动由主动链轮、从动链轮和绕在链轮上并与链轮啮合的链条组成。

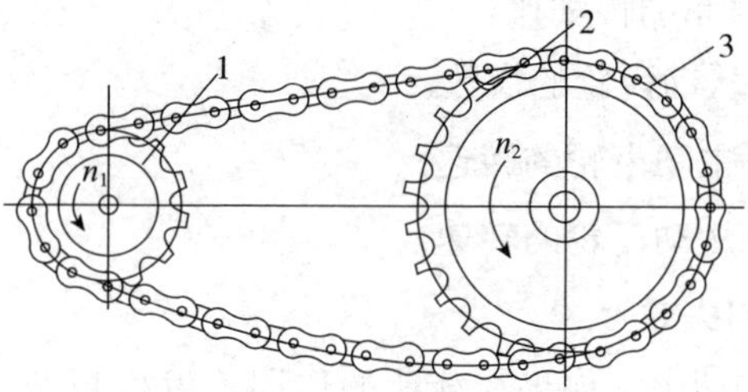

1—主动链轮；2—从动链轮；3—链条。

图 3-14　链传动

按照用途不同，链可分为起重链、牵引链和传动链三大类。起重链主要用于起重机械中提起重物，其工作速度 $v \leqslant 0.25$ m/s；牵引链主要用于链式输送机中移动重物，其工作速度 $v \leqslant 4$ m/s；传动链用于一般机械中传递运动和动力，通常工作速度 $v \leqslant 15$ m/s。

传动链有齿形链和滚子链两种。齿形链是利用特定齿形的链片和链轮相啮合来实现传动的，如图 3-15 所示。齿形链传动平稳，噪声很小，故又称为无声链传动。齿形链允许的工作速度可达 40 m/s，但制造成本高，重量大，故多用于高速或运动精度要求较高的场合。本章重点讨论应用最广泛的套筒滚子链传动。

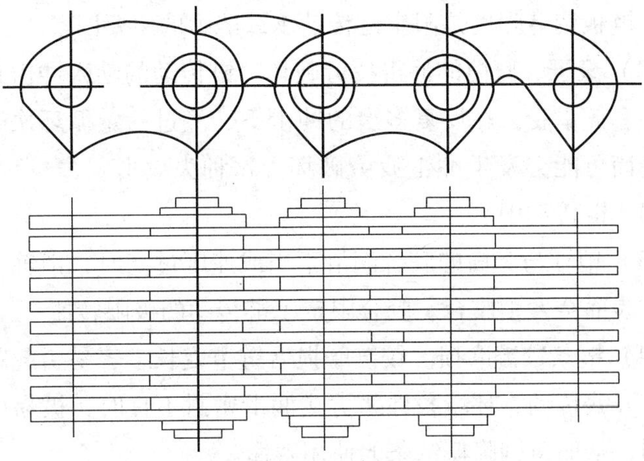

图 3-15　齿形链

（二）链传动的特点

(1) 与带传动相比，链传动能保持平均传动比不变、传动效率高、张紧力小，因此作用在轴上的压力较小，能在低速重载和高温条件下及尘土飞扬的不良环境中工作。

(2) 与齿轮传动相比，链传动可用于中心距较大的场合且制造精度较低。

(3) 只能传递平行轴之间的同向运动，不能保持恒定的瞬时传动比，运动平稳性差，工作时有噪声。

(4) 通常链传动传递的功率 $P \leqslant 100$ kW，中心距 $a \leqslant 5$ m，传动比 $i \leqslant 8$，线速度 $v \leqslant 15$ m/s，广泛应用于农业机械、建筑工程

机械、轻纺机械、石油机械等各类机械传动中。

（三）失效形式

链传动的失效形式主要有以下几种：

（1）链板疲劳破坏。链在松边拉力和紧边拉力的反复作用下，经过一定的循环次数，链板会发生疲劳破坏。在正常润滑条件下，链板疲劳强度是限定链传动承载能力的主要因素。

（2）滚子、套筒的冲击疲劳破坏。链传动的啮入冲击首先由滚子和套筒承受。在反复多次的冲击下，经过一定循环次数，滚子、套筒可能会发生冲击疲劳破坏。这种失效形式多发生于中、高速闭式链传动中。

（3）销轴与套筒的胶合润滑不当或速度过高时，销轴和套筒的工作表面会发生胶合。胶合限定了链传动的极限转速。

（4）链条铰链磨损。铰链磨损后链节变长，容易引起跳齿或脱链。开式传动、环境条件恶劣或润滑密封不良时，极易引起铰链磨损，从而急剧降低链条的使用寿命。

（5）过载拉断。这种拉断常发生于低速重载的传动中。

九、行星齿轮传动

（一）行星齿轮传动的概念

一个或一个以上齿轮的轴线绕另一个齿轮的固定轴线回转的齿轮传动叫作行星齿轮传动，如图3-16所示。行星齿轮既绕自身的轴线回转，又随行星架绕固定轴线回转。太阳轮、行星架和内齿轮都可绕共同的固定轴线回转，并可与其他构件连接承受外加力矩，它们是这种轮系的三个基本件。三者如果都不固定，确定机构运动时需要给出两个构件的角速度，这种传动称为差动轮系；如果固定内齿轮或太阳轮，则称为行星轮系。通常这两种轮系都称为行星齿轮传动。

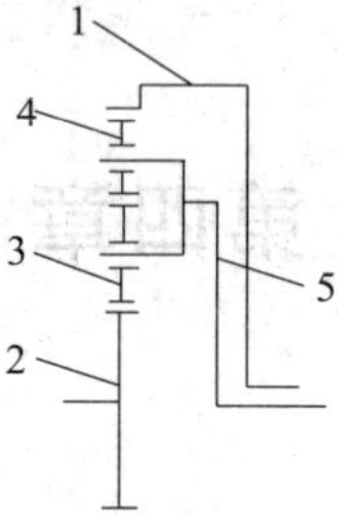

1—内齿轮；2—太阳轮；3—内行星轮；4—外行星轮；5—行星架。

图 3-16　行星齿轮传动

（二）行星齿轮传动的特点

行星齿轮传动的主要特点是体积小、承载能力大、工作平稳，但大功率高速行星齿轮传动结构较复杂，要求制造精度高。行星齿轮传动应用广泛，并可与无级变速器、液力耦合器和液力变矩器等联合使用，进一步扩大使用范围。

第四章　液压传动知识

第一节　液压传动的意义

当今建筑机械中液压系统的使用十分广泛。尽管还有电气系统、气动系统或机械系统可供选择利用，但是液压系统已越来越多地得到应用。如在上回转自升式塔式起重机上，利用液压系统将塔式起重机上部顶起或者降下，从而引入或引出塔身标准节，实现塔式起重机的升节或者降节。

为什么使用液压系统？原因很多，部分原因是液压系统在动力传递中具有用途广、效率高和操作简单的特点。液压系统的任务就是将动力从一种形式转变成另一种形式。

第二节　液压传动的定义和工作原理

一部完整的机器一般主要由原动机、传动机构和工作机三部分组成，由于原动机的功率和转速变化范围有限，为了适应工作机的工作力矩（转矩）和工作速度（转速）变化范围较宽的要求，以及其他操纵性能（如停车、换向等）的要求，在原动机和工作机之间设置了传动机构（或称传动装置）。传动机构通常分为机械传动机构、电气传动机构和流体传动机构。流体传动机构是以流体为工作介质进行能量转换、传递和控制的传动，包括液体传动和气体传动。液体传动是以液体为工作介质的流体传动，包括液力传动和液压传动。液压传动是主要利用液体压力能的传动。

一、帕斯卡定律和基本方程式

加在密闭液体任一部分的压强，必然按其原来的大小，由液体向各个方向传递。这就是帕斯卡定律。在帕斯卡定律中，压强和作用力之间有两个重要的关系，它们是以下两项等式：

$$P = F/A \qquad F = P \cdot A$$

式中，F——作用力；

P——压强；

A——面积。

液压传动机正是根据这一原理制成。下面就用一个简单的装置说明其工作原理。如图 4-1所示，A_1、A_2 为两个直径不同的液压缸，底部用管道连接，缸内充满液体。设液压缸 A_1 中的活塞面积 $S_1 = 10\ cm^2$，液压缸 A_2 中的活塞面积 $S_2 = 100\ cm^2$。当在液压缸 A_1 的活塞上加力 $F_1 = 10$ kN 时，液压缸 A_1 中的液体单位面积受压强为：$F_1/S_1 = 1\ kN/cm^2$。

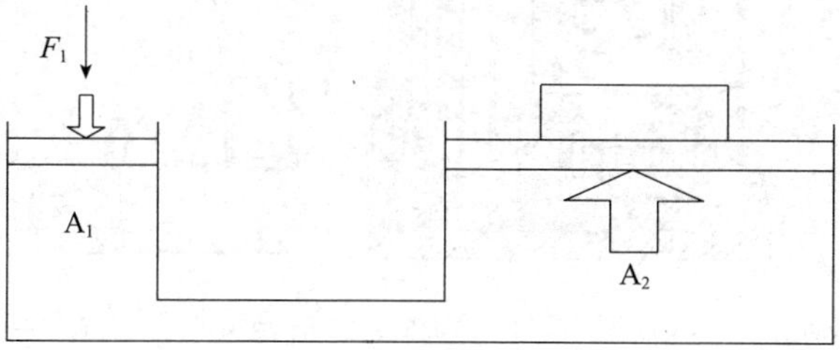

图 4-1　液压传动原理

根据帕斯卡定律，液压缸 A_2 中的活塞上也受到 1 kN/cm^2 的压强，即 $F_1/S_1=F_2/S_2$，这样液压缸 A_2 中的活塞上会产生 100 kN 的向上推力（F_2）。由这个例子可以看出，加在液压缸 A_1 活塞上的力，由于密闭在两个连通液压缸中的液体的作用，被传递到液压缸 A_2 的活塞上，并且这个力得到了放大，这就是液压传动的工作原理。

有一点需要说明：如果液压缸 A_2 的活塞上没有负载，则在液压缸 A_1 的活塞上亦无法施加 10 kN 的外力。这是液压传动中一条很重要的原理，即液压系统的压力取决于外部负载。

二、液压传动装置的工作原理与组成

液压传动是指利用密闭工作容积内液体压力能的传动。油压千斤顶就是一个简单的液压传动的实例。液压千斤顶的结构与原理如图 4-2 所示。

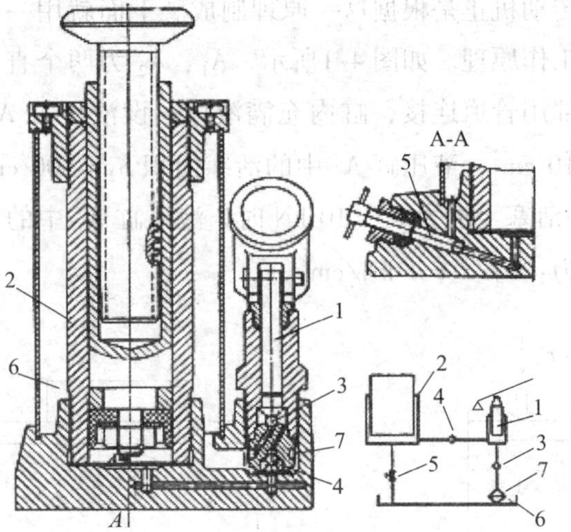

1—小油缸；2—大油缸；3、4—单向阀；5—泄油阀；6—油箱；7—滤网。

图 4-2 液压千斤顶结构与原理

图4-2中油压千斤顶的小油缸1、大油缸2、油箱6以及它们之间的连接通道构成一个密闭的容器，里面充满液压油。在泄油阀5关闭的情况下，当提起手柄时，小油缸1的柱塞上移使其工作容积增大形成真空，油箱6里的油便在大气压作用下通过滤网7和单向阀3进入小油缸1。压下手柄时，小油缸1的柱塞下移，挤压其下腔的油液，这部分压力油便顶开单向阀4进入大油缸2，推动大柱塞从而顶起重物。再提起手柄时，大油缸2内的压力油将力图倒流入小油缸1，此时单向阀4自动关闭，使油不致倒流，这就保证了重物不致自动落下。压下手柄时，单向阀3自动关闭，使液压油不致倒流入油箱，而只能流入大油缸以将重物顶起。这样，当手柄被反复提起和压下时，小油缸1不断交替进行吸油和排油过程，压力油不断进入大油缸，将重物一点点地顶起。当需放下重物时，打开泄油阀5，大油缸2的柱塞便在重物作用下下移，将大油缸中的油液挤回油箱6内。

由此可见，油压千斤顶工作需要有以下2个条件：

（1）处于密闭容器内的液体由于大小油缸工作容积的变化而能够流动。

（2）这些液体具有压力，能流动并具有一定压力的液体能做功，我们说它有压力能。油压千斤顶就是利用油液的压力能，将手柄上的力和手柄的移动转变为顶起重物的力。小油缸1的作用是将手动的机械能转换为油液的压力能，大油缸2则将油液的压力能转换为顶起重物的机械能。

三、液压传动系统的组成

一个能完成能量传递的液压系统由五部分组成。

（1）动力部分。动力部分将机械能转换为压力能，为液压传动系统提供工作动力。动力部分的元件是液压泵，其职能是将机械能转换为液体的压力能，它是液压系统的动力元件。以上例子中油压千斤顶的小油缸 1 即起液压泵的作用。

（2）工作部分。工作部分即执行元件，其职能是将液体的压力能转换为机械能。执行元件包括液压缸和液压马达，液压缸带动负荷做往复运动，液压马达带动负荷做旋转运动。图 4-2 中大油缸 2 就是油压千斤顶的执行元件。

（3）控制部分。控制部分即控制调节装置。按照液压传动系统工作的需要，对系统的压力，执行机构的运动速度、运动方向和动作顺序进行控制。这部分的元件有溢流阀、节流阀、换向阀、平衡阀及液压锁等。在液压系统中各种阀用于控制和调节各部分液体的压力、流量和方向，以满足机械的工作要求，完成一定的工作循环。图 4-2 中液压千斤顶的单向阀 3、4 和泄油阀 5 就是控制液流方向的。泄油阀 5 还可控制液流流量，从而控制重物下降的速度。

（4）辅助装置。辅助装置包括油箱、滤油器、油管及管接头、密封件、冷却器、蓄能器等。设计液压系统就是根据机械的工作要求合理地选择和设计上述各液压元件，并将它们合理地组合在一起，使之完成一定的工作循环。

（5）工作介质。工作介质即充满在系统中，传递压力和能量的介质。一般用洁净的油或水做工作介质。由于油几乎是不可压缩的，大部分液压系统均使用油作为工作介质，同时油可以在液压系统中起润滑剂的作用。

第三节　液压常用元件及系统图实例

液压系统中的主要元器件有液压泵、液压油缸、控制元件、油管和管接头、油箱和液压油滤清器等。

一、常用的液压元件

1. 液压泵

液压泵按构造可分为齿轮式液压泵、柱塞式液压泵和叶片式液压泵。塔式起重机上的液压系统主要采用齿轮式液压泵和柱塞式液压泵，其中齿轮式液压泵应用较为普遍。

2. 液压油缸

液压油缸简称液压缸，是液压系统中的执行元件。从功能上来看，液压缸与液压马达都是把工作油液的压力能转变为机械能的转换装置。不同之处在于液压马达用于旋转运动，而液压缸则把压力能转换为直线运动。液压缸的特点是构造简单、工作可靠。

3. 控制元件

塔式起重机液压系统采用多种不同的控制元件来操纵和控制工作油液的流向、压力和流量。根据控制职能的不同，控制元件可分为方向控制阀、压力控制阀和流量控制阀。

（1）方向控制阀。方向控制阀是用来控制液压系统中油液的流向，操纵执行元件的运动（如动作、停止和改变运动方向）。按其功用，方向控制阀可分为单向阀和换向阀两大类。

1）单向阀又叫止逆阀或止回阀，其作用是保证油液只能朝一个方向流动，不能更改方向。

2）换向阀又称分配阀或换向滑阀，其作用是控制液压油液的流动方向。通过改变滑阀在阀体中的位置来接通不同的油路，使油液改变流向，从而改换执行元件的运动方向。

（2）压力控制阀。这种阀可根据调定的工作油流的压力而动作，其作用是控制和保护液压系统不被高压所损坏。属于压力控制阀类的控制元件有安全阀、溢流阀、限压阀和平衡阀等。

（3）流量控制阀。流量控制阀包括节流阀、限速阀和分流集流阀等，主要用于调节液压系统中的油液流量，使执行元件以一定速度运动。

二、液压系统图实例

液压系统由许多元件组成，如果用各元件的结构图来表达整个液压系统，则绘制起来非常复杂，而且难以将其原理表达清楚，因此实践中常用各种符号表示元件的职能，将各元件的符号用通路连接起来组成液压系统图来表示液压传动及控制系统的原理，如图 4-3 所示。

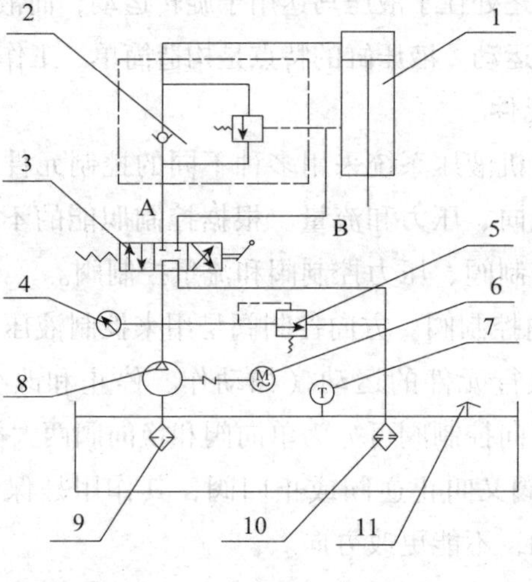

1—顶升油缸；2—平衡阀；3—手动换向阀；4—压力表；5—溢流阀；
6—电动机；7—液位液温计；8—液压泵；9—吸油滤油器；
10—回油滤油器；11—空气滤清器。

图 4-3　塔式起重机液压顶升系统

现在让我们以塔式起重机顶升的过程为例，分析一下塔式起重机液压顶升系统的工作原理。首先启动塔式起重机的电气系统，电动机6通电，电动机通过联轴器驱动液压泵8，油箱中的液压油经过吸油滤油器9被液压泵8吸入泵体内并通过加压向系统供给，此时的手动换向阀3处在初始的中位状态，泵出的液压油无须经过系统溢流阀5，而直接通过换向阀内部中位油路和回油滤油器10返回油箱，系统处于泄荷状态。通过压力表4我们可以看到，处于泄荷状态时系统的压力为0。

当顶升开始时，手动换向阀3手柄向后拉，换向阀阀芯右移，换向阀处于左位状态，泵出高压油通过换向阀进入平衡阀2，再进入油缸A腔（无杆腔），此时油缸活塞杆徐徐伸出，处于油缸B腔（有杆腔）中的液压油通过手动换向阀3直接返回油箱。因为顶升状态时，系统油缸承受塔式起重机上部的重力负荷，通过压力表4，我们可以观测到系统压力为系统的工作压力。当油缸完全伸出后，油缸活塞被顶死，系统压力继续上升，达到溢流阀5调定压力（系统最高压力）。泵出液压油通过系统溢流阀5溢流，返回油箱。

顶升完毕后，要求油缸活塞杆回缩，前推手动换向阀3手柄，阀芯左移，换向阀处于右位，泵出高压油通过换向阀进入油缸B腔，同时通过旁路推开平衡阀2，使A腔形成回油油路，油缸活塞杆徐徐回缩。此时系统压力接近平衡阀的开启压力。当完全回缩后油缸活塞被顶死，系统压力继续上升达到溢流阀5调定压力（系统最高压力）。泵出液压油通过系统溢流阀5溢流，返回油箱。

第四节　液压传动的特点

任何一部完整的机器都有动力部分和工作装置，能量从动力部分到工作装置传递的形式可分为机械传动、电力传动、液压传动和气压传动四大类。

一、液压传动的主要优点

与其他传动形式相比，液压传动的主要优点有：

（1）易于大幅减速，从而可获得较大的力和扭矩，并能实现较大范围的无级变速，使整个传动过程简化。

（2）易于实现直线往复运动，以直接驱动工作装置。各液压元件间可用管路连接，故安装位置自由度大，便于机械的总体布置。

（3）能容量大，即较小重量和尺寸的液压件可传递较大的功率。例如，液压泵与同功率的电机相比外形尺寸为后者的12%～13%，重量为后者的10%～20%。这样，再加上前述优点就可以使整个机械的重量大大减轻。由于液压元件的结构紧凑、重量轻，而且液压油具有一定的吸振能力，所以液压系统的惯量小、启动快、工作平稳，易于实现快速而无冲击的变速与换向，应用于机械车辆上，可减少变速时的功率损失。

（4）液压系统易于实现安全保护，同时液压传动比机械传动操作简便、省力，因而可提高机械生产率和作业质量。

（5）液压传动的工作介质本身就是润滑油，可使各液压元件自行润滑，因而简化了机械的维护保养，并利于延长元件的使用寿命。

（6）液压元件易于实现标准化、系列化、通用化，便于组织专业性大批量生产，从而可提高生产率、提高产品质量、降低成本。

（7）与电、气配合，可设计出性能好、自动化程度高的传动及控制系统。

二、液压传动的主要缺点

与其他传动形式相比，液压传动的主要缺点有：

（1）液压油的泄漏难以避免，外部泄漏会污染环境并造成液压油的浪费，内部泄漏会降低传动效率，并影响传动的平稳性和准确性，因而液压传动不适用于要求定比传动的场合。当前液压传动比机械传动的效率低，这是许多机械传动还不能被液压传动取代的主要原因。

（2）液压油的黏度会随温度变化而变化，从而影响传动机构的工作性能，因此在低温及高温条件下，均不宜采用液压传动。

（3）由于液体流动中压力损失大，故不适用于远距离传动。

（4）零件加工质量要求高，因此液压元件成本较高。

第五节　液压油的使用常识

一、液体的黏度

液体在外力作用下流动时，液体内各层的运动速度不同。液体分子间的相互作用力在液体间产生内部摩擦力，以阻止液层间的相对滑动，这就是液体的黏性。液体的黏性大小用黏度表示。

液体的黏度是选择液压油的重要指标之一，液体的黏度大小会影响液压系统的效率和寿命。液体黏度过大，内部摩擦力大，系统动作减慢，工作温度升高，系统的效率降低，且液压油易氧化变质。若液体黏度过小，则会引起液压系统的外部泄漏和内部泄漏，使系统的效率降低。

二、温度对液压油的影响

液压油的黏度随温度的变化而改变。工作温度高，黏度降低；工作温度低，黏度升高。因此，除按机械使用说明来正确选用液压油外，在高寒地区或高温地区作业时，应按当地的工作温度对液压油的牌号进行相应的调整，以保证液压系统的工作效率和液压油的使用寿命。

三、液压油的失效形式

在液压系统中，液压油既是传递压力和能量的介质，又承担液压元件的润滑和液压系统的散热等多项职能。经过一定时间的使用后，液压油会因各种原因而失效。失效的形式主要有以下几种：

（1）污染。密封件磨损产生的橡胶及金属微粒和外部粉尘都会对液压油造成污染，使液压油的洁净度变差。当污染严重时会磨损液压件，损坏液压密封件。

（2）氧化变质。液压油与空气接触后发生化学反应，油液的物理性能和化学性能都会发生变化。油液的颜色逐渐变深，黏度增大，酸值升高，这就是油液的氧化变质。一般液压油都有较强的抗氧化性，但工作温度过高以及油液中存在的金属微粒都会加快液压油的氧化变质。

（3）乳化变质。液压油中混入一定量的水，经搅动后油液会变成乳白色的液体，这就是液压油的乳化变质。

四、液压油的合理选择及使用

选择液压油时应选用机械制造厂家产品使用说明中指定规格的液压油。如确实需要代用，应选择黏度、黏度指数、抗氧化安定性等技术指标接近使用要求的油品代用。

使用液压油时应注意以下几点：

（1）注液压油的容器应保持洁净（最好专用）。

（2）定期清洁液压油滤清器。

（3）定期检查液压油油质。

（4）液压油油量不足需添加时，应选用同一厂家、同一规格的油品，不得将不同厂家、不同规格的油品混用。

（5）更换液压油时，应将液压系统中的旧油清除，用少量干净的油将系统清洗干净后再加入新油。

第五章　钢结构知识

第一节　钢结构常用钢材

为保证钢结构的承载能力和防止在一定条件下出现脆性破坏，应根据结构的重要性、荷载特征（是否直接承受动荷载）、结构形式、应力状态、连接方式（焊接或非焊接结构）、钢材厚度和工作环境（是否低温工作）等因素综合考虑，选用合适的钢材牌号和材性。

钢结构的钢材宜采用 Q235、Q355、Q390 和 Q420，其质量应分别符合《碳素结构钢》（GB/T 700—2006）和《低合金高强度结构钢》（GB/T 1591—2018）的规定。若采用其他牌号的钢材时，应符合相应标准的规定和要求。

钢结构采用的钢材应具有抗拉强度、伸长率、屈服强度和硫、磷含量的合格保证，对焊接结构应具有碳当量的合格保证。焊接塔式起重机钢结构以及重要的非焊接钢结构采用的钢材还应具有冷弯试验的合格保证。钢结构的钢材，其拉伸性能应有明显的屈服强度，实际供货钢材的屈强比不应大于 0.85，伸长率应大于 20%。

一、起重设备中常用的钢材及其性能

起重设备中常用的钢材的强度设计值如表 5-1 所示。

表 5-1 常用钢材的强度设计值

牌号	厚度或直径/mm	屈服强度/（N/mm²）	厚度或直径/mm	抗拉强度/（N/mm²）
Q235	≤16	235	≤16	370～500
	>16～40	225	>16～40	
	>40～60	215	>40～60	
	>60～100	215	>60～100	
	>100～150	195	>100～150	
	>150～200	185	>150～200	
Q355	≤16	≥345	≤100	470～630
	>16～40	≥335		
	>40～63	≥325		
	>63～80	≥315		
	>80～100	≥305		
	>100～150	≥285	>100～150	450～600
Q390	≤16	≥390	≤100	490～650
	>16～40	≥370		
	>40～63	≥350		
	>63～80	≥330		
	>80～100	≥330		
	>100～150	≥310	>100～150	470～620
Q420	≤16	≥420	≤100	520～680
	>16～40	≥400		
	>40～63	≥380		
	>63～80	≥360		
	>80～100	≥360		
	>100～150	≥340	>100～150	500～650

二、对属于下列情况之一的钢材，应进行抽样复验

（1）国外进口钢材；

（2）钢材混批；

（3）板厚等于或大于 40 mm，且设计有 Z 向性能要求的厚板；

（4）建筑结构安全等级为一级，大跨度钢结构中主要受力构件所采用的钢材；

（5）设计有复验要求的钢材；

（6）对质量存有疑义的钢材。

第二节　钢结构的焊接连接

一、起重设备钢结构焊接的一般要求

（1）焊工应经过考试取得上岗资格证才能担任相应的焊接工作，对关键焊缝、重要焊缝应由有相应资质的焊工进行焊接。

（2）焊接前应检查并确认焊接设备及辅助工具等是否处于合格状态。

（3）焊接工作宜在室内进行，当零部件表面潮湿或暴露于雨雪条件下时，不得进行焊接作业。

（4）关键焊缝、重要焊缝或碳素结构钢板厚度大于 50 mm、低合金结构钢板厚度大于 40 mm，其焊接规程应通过工艺评定确认。

（5）焊条、焊剂和药芯焊丝必须按产品说明书的规定进行烘干，焊丝宜采用镀铜焊丝，非镀铜焊丝使用前应除去浮锈和油污。

（6）焊工施焊应按规定的工艺和焊接作业指导书进行操作，对关键焊缝、重要焊缝的焊接还应填写施焊记录，并在规定位置

做出焊工标识。

（7）焊接工艺评定报告和关键焊缝、重要焊缝的施焊记录保存期不少于 5 年。

二、焊材的选择

起重机械钢结构件钢材应按图样的要求选用。常用钢材与所需焊条、焊丝的选配如表 5-2 和表 5-3 所示。当钢材的屈服强度大于 420 MPa 或工艺上有特殊要求时，应通过焊接工艺评定按有关标准确定匹配的焊接材料。

表 5-2　常用钢材与焊条的选配

钢材	焊条	备注
Q235	E4301	—
	E4303	—
	E4315	重要构件
	E4316	重要构件
Q295	E4303	—
	E4315	重要构件
	E4316	重要构件
Q345	E5001	—
	E5003	—
	E5015	重要构件
	E5016	重要构件
Q390	E5001	—
	E5003	—
	E5015	重要构件
	E5016	重要构件
Q420	E5515	—
	E5516	重要构件
	E5518	重要构件

表 5-3　常用钢材与焊丝的选配

钢材	埋弧焊用焊剂—焊丝	气体保护焊用焊丝	备注
Q235、Q295	F4A2-H08、F4A2-H08A	ER49-1、ER50-6	H08 仅用于构造焊缝
Q345	F4A0-H10Mn2	ER50-6	
	F5A2-H10Mn2	ER50-7	
Q390	F5A2-H10Mn2	ER55-G	
	F55A2-H08MnMoA		
Q420	F55A2-H08MnMoA	ER55-G	

常见焊接材料的产品标准如表 5-4 所示。

表 5-4　常见焊接材料的产品标准

标准名称	标准号
非合金钢及细晶粒钢焊条	GB/T 5117—2012
热强钢焊条	GB/T 5118—2012
熔化焊用钢丝	GB/T 14957—1994
气体保护电弧焊用碳钢、低合金钢焊丝	GB/T 8110—2008
碳钢药芯焊丝	GB/T 10045—2001
热强钢药芯焊丝	GB/T 17493—2008
埋弧焊用非合金钢及细晶粒钢实头焊丝、药芯焊丝和焊丝—焊剂组合分类要求	GB/T 5293—2018
埋弧焊用热强钢实心焊丝、药芯焊丝和焊丝—焊剂组合分类要求	GB/T 12470—2018
电弧螺柱焊用无头焊钉	GB/T 10432. 1—2010
电弧螺柱焊用圆柱头焊钉	GB/T 10433—2002

用于重要焊缝的焊接材料或对质量合格证明文件存有疑义的焊接材料，应进行抽样复验，复验时焊丝宜按五个批（相当炉批）取一组试验，焊条宜按三个批（相当炉批）取一组试验。

用于焊接切割的气体应符合《钢结构焊接规范》（GB 50661—

2011）和焊接切割用气体标准的规定，如表 5-5 所示。

表 5-5　常见焊接切割用气体标准

标准名称	标准号
氩	GB/T 4842—2017
工业液体二氧化碳	GB/T 6052—2011
焊接用二氧化碳	HG/T 2537—1993
深度冷冻法生产氧气及相关气体安全技术规程	GB 16912—2008
溶解乙炔	GB 6819—2004
工业燃气切割焊接用丙烯	HG/T 3661. 1—2016
工业用环氧氯丙烷	GB/T 13097—2015
焊接用混合气体　氩—二氧化碳	HG/T 3728—2004

第三节　钢结构的螺栓连接

普通螺栓、高强度大六角头螺栓连接副、扭剪型高强度螺栓连接副应符合表 5-6 的规定。

表 5-6　钢结构连接用紧固件标准

标准名称	标准号
六角头螺栓　C 级	GB/T 5780—2016
六角头螺栓　全螺纹　C 级	GB/T 5781—2016
六角头螺栓	GB/T 5782—2016
六角头螺栓　全螺纹	GB/T 5783—2016
钢结构用高强度大六角头螺栓	GB/T 1228—2006
钢结构用高强度大六角螺母	GB/T 1229—2006
钢结构用高强度垫圈	GB/T 1230—2006

续表

标准名称	标准号
钢结构用高强度大六角头螺栓、大六角螺母、垫圈技术条件	GB/T 1231—2006
钢结构用扭剪型高强度螺栓连接副	GB/T 3632—2008
紧固件机械性能　螺栓、螺钉和螺柱	GB/T 3098.1—2010

高强度大六角头螺栓连接副和扭剪型高强度螺栓连接副应分别有扭矩系数和紧固轴力（预拉力）的出厂合格检验报告，并随箱携带。

普通螺栓作为永久性连接螺栓，当设计文件要求或对其质量有疑义时，应进行螺栓实物最小拉力载荷复验，复验时每一规格螺栓抽查 8 个。

高强度螺栓采用强度较高的钢材制作。安装时将螺母拧紧，使螺栓产生预拉力将构件接触面压紧，依靠接触面间的摩擦力来阻止其相互滑移，以达到传递外力的目的。高强度螺栓具有连接紧密、受力良好、耐疲劳、可拆换、安装简单、便于养护及在动态荷载作用下不易松动等优点。目前我国在桥梁、大跨度房屋及工业厂房钢结构、电力钢塔、塔式结构设备中已广泛采用高强度螺栓。

第四节　钢结构的涂装材料

一、涂装前的表面处理

所有用于设备制造的钢铁原材料，涂漆前均需进行表面除锈处理。

所有需要进行涂装的钢铁原材料或制件表面，在涂漆前必须将铁锈、氧化皮、油脂、灰尘、泥土、盐和污物等清除干净。

除锈前，应先用有机溶剂、碱液、乳化剂、蒸汽等除去钢铁表面的油脂、污垢。

钢铁表面除锈方法、除锈等级及适用范围如表5-7所示。表中Sa及St各等级的除锈要求及评定方法按《涂覆涂料前钢材表面处理　表面清洁度的目视评定　第1部分：未涂覆过的钢材表面和全面清除原有涂层后的钢材表面的锈蚀等级和处理等级》(GB/T 8923.1—2011）的规定执行。

表5-7　钢铁表面除锈方法、除锈等级及适用范围

除锈方法	除锈等级	适用范围
喷射或抛射除锈	Sa2	辅助部件或辅助设备及用于轻度腐蚀性环境中的钢铁制件表面； 与混凝土接触或埋入其中的钢铁制件表面
	Sa2 1/2	主要部件或主要设备及用于腐蚀性较强的环境中的钢铁制件表面； 长期在潮湿、潮热、盐雾等环境下作业的钢铁制件表面； 与高温接触并且需要涂耐热漆的钢铁制件表面
	Sa3	与液体介质或腐蚀性介质接触的表面，如油箱、减速机箱、水箱等内表面
手工或动力工具除锈	St2	与高温接触但不需要涂耐热漆的钢铁制件
	St3	受设备限制，无法进行喷丸除锈的特大钢铁构件； 钢铁构件形状特殊无法进行喷丸除锈的部位
酸洗除锈	—	设备上的各类钢制管道；不能喷丸的薄板件(壁厚小于5 mm)； 结构复杂的中、小型零件

焊接件在组装焊接后需要进行热处理的，应将除锈工序放在热处理之后进行。

二、起重设备常用的涂料

钢结构防腐涂料、稀释剂和固化剂，应按设计文件和相关现行国家标准选用，其品种、规格、性能等应符合设计文件及相关现行国家标准的要求，如表 5-8 所示。

表 5-8　起重设备常用的涂料

类别	推荐品种	厚度要求
底漆	铁红醇酸底漆、铁红环氧脂底漆、硅酸锌防锈漆、磷酸锌底漆、环氧富锌底漆等	各种涂料的涂层厚底（干膜），根据涂料配套漆系确定
中间漆	环氧云母氧化铁漆、环氧中间漆、磷酸锌底漆等	
面漆	醇酸磁漆、氯化橡胶面漆、聚氨酯面漆、丙烯酸磁漆、醇酸铝粉漆、环氧面漆等	
耐油漆	过氯乙烯油箱漆、环氧耐油漆、聚氨酯耐油漆、硝基内用磁漆（底、面漆应配套，且涂层不宜太厚）等	
耐高温漆	无机硅酸锌底漆、有机硅耐热漆、醇酸铝粉漆、各色硼钡漆等	
耐潮湿漆	氯化橡胶漆、焦油环氧沥青防锈漆等	

三、机器产品特殊部位的涂装要求

（1）铆接件相互接触的表面，在连接前必须涂厚度为 30～40 μm 的底漆。所用涂料品种应是涂料配套漆系中的漆种。搭接边缘应用油漆、腻子或黏合剂封闭。在加工或焊接过程中损坏的漆面，应重新进行表面处理和涂装。

（2）不封闭的箱形梁、箱形结构的内表面、各类安全罩的内表面等，无特殊要求的，一般须涂 60 ~ 80 μm 厚的底漆，封闭的箱形梁、箱形结构的内表面不涂漆。

（3）装配后不能靠近、无法涂装的部位，应在装配前完成涂漆。

（4）有涂漆要求的有色金属表面，应根据不同情况，选用相适应的底漆、面漆。如锌表面应选用磷化底漆或磷酸锌底漆等。面漆（或中间漆）要与底漆配套。

（5）高强度螺栓连接件结合面，应根据摩擦系数的不同或按图样要求，在喷砂后涂高固体、高锌粉含量（80%）的无机富锌底漆，厚度为 60 μm，或者涂刷两层过氯乙烯可剥清漆（两层之间贴一层纱布）加以保护，连接前再将可剥清漆剥除。必要时，表面还应使用薄铁皮加以覆盖。

（6）属下列情况之一的，不进行涂装。

1）产品或部件与混凝土接触或埋入混凝土中的部位、紧贴耐火材料的部位；

2）机械加工的配合面、工作面、摩擦面；

3）配管的各种阀、泵及法兰表面；

4）不锈钢制件表面；

5）钢丝绳、地脚螺栓及其底板；

6）电镀表面、无特殊要求的有色金属表面；

7）非金属制件表面；

8）电动机等外购机电配套件表面。

第六章　起重吊装知识

第一节　物体重心的判断

在生产施工中，构件的吊装、大型设备整体翻转以及各种物体的运输吊装，都应遵循和运用物体重力与外力平衡的规律进行作业，如果吊点选择不当，起吊时物体就会失去平衡，造成翻倒或滑脱事故。因此，在起重作业中，确定被吊物体的重心位置是重要的基础环节。

一、确定重心的位置

对于质量分布均匀的物体（均匀物体）来说，重心的位置只与物体的形状有关。规则形状物体的重心就在其几何中心上。例如，均匀细直棒的重心在棒的中点，均匀球体的重心在球心，均匀圆柱体的重心在轴线的中点。不规则物体的重心，可以用悬挂法来确定。物体的重心不一定在物体上，如圆环形、月亮形等。

对于质量分布不均匀的物体来说，重心的位置除与物体的形状有关，还与物体内质量的分布有关。载重汽车的重心随着装货的多少和装载位置的变化而变化，起重机的重心随着提升物体的重量和高度的变化而变化。

通过重心的一条直线或切面把物体或图形分成两份，则两份的面积或体积不一定相等。不是所有通过重心的直线或切面都能平分物体或图形的面积或体积，例如，过正三角形重心且平行于一边的一条直线把三角形分成面积比为4:5的两部分。关于这一点，可以用物理学的杠杆原理解释：分成的两块图形的重心分别到三角形重心的距离相当于杠杆的两个力臂，而两块图形的面积相当于杠杆的两个力。因为重心相当于两个图形的面积“集中”成的一点。分割成的两个图形重心分别到三角形重心的距离正好等于4:5。

二、其他图形重心

下面的几何体都是均匀的，线段指细棒，平面图形指薄板。

三角形的重心就是三边中线的交点。

线段的重心就是线段的中点。

平行四边形的重心就是其两条对角线的交点，也是两对对边中点连线的交点。

圆的重心是圆心，球的重心是球心。

锥体的重心是顶点与底面重心连线的四等分点上最接近底面的那个分点。

四面体的重心同时也是每个顶点与对面重心连线的交点，也是每条棱与对棱中点确定平面的交点。

三、寻找重心的方法

下面介绍几种寻找不规则形状或质量不均匀物体重心的方法。

（1）悬挂法

悬挂法只适用于薄板（不一定均匀），如图6-1所示。首先找一根细绳，在物体上找一个点，用细绳悬挂起来，画出物体静止后的重力线。同理，再找一个点悬挂，两条重力线的交点就是物体的重心。

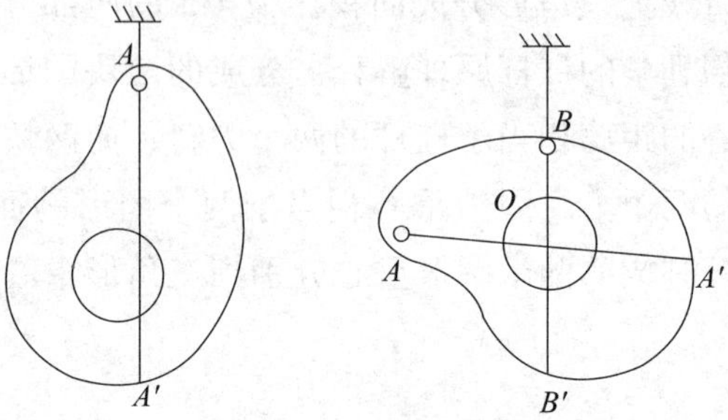

图6-1　悬挂法

（2）支撑法

支撑法只适用于细棒（不一定均匀）。用一个支点支撑物体，不断变化位置，越稳定的位置，越接近重心。

一种可能的变通方式是用两个支点支撑，然后施加较小的力使两个支点靠近，因为离重心近的支点摩擦力会大，所以物体会随之移动，使另一个支点更接近重心，如此便可以找到重心的近似位置。

（3）针顶法

针顶法同样只适用于薄板。用一根细针顶住板子的下面，当板子能够保持平衡时，针顶的位置就接近重心。

与支撑法同理，可用3根细针互相接近的方法，找到重心位置的范围，不过这种方法没有支撑法的变通方式那样方便。

（4）用铅垂线找重心

对于任意图形、质地均匀的物体可以用铅垂线找重心的方法。用绳子找其一端点悬挂，再用铅垂线挂在此端点上（描下来）。然后用同样的方法做另一条线，两线交点即为其重心。

四、几何形状物体重心的确定

方形物体的重心位置在其对角线的交点上，圆柱形物体的重心在其中间横截面的圆心上，三角形物体的重心在其三条中心线的交点上。部分物体重心实例如图 6-2 所示。

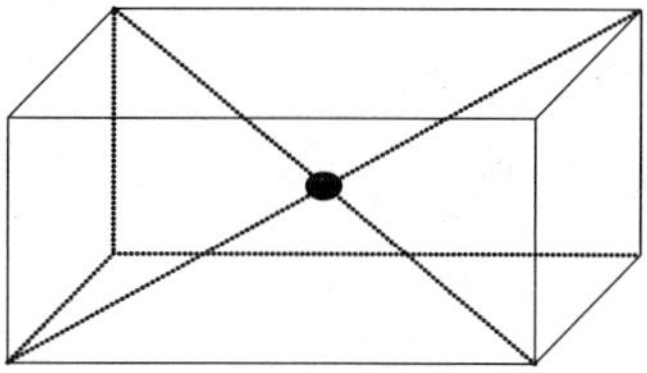

（a）长方体重心：在两条对角线交点处

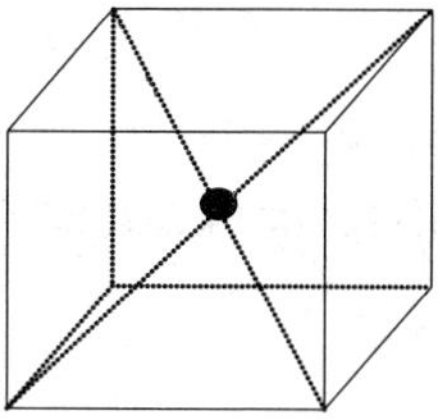

（b）正方体重心：在两条对角线交点处

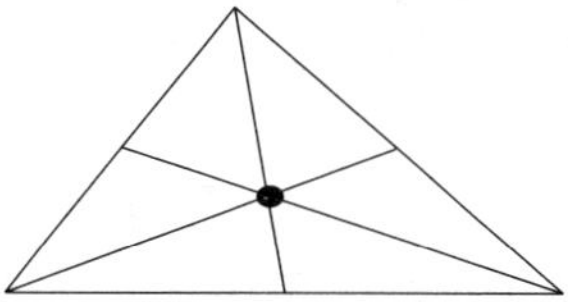

（c）三角形重心：在三条中心线的交点处

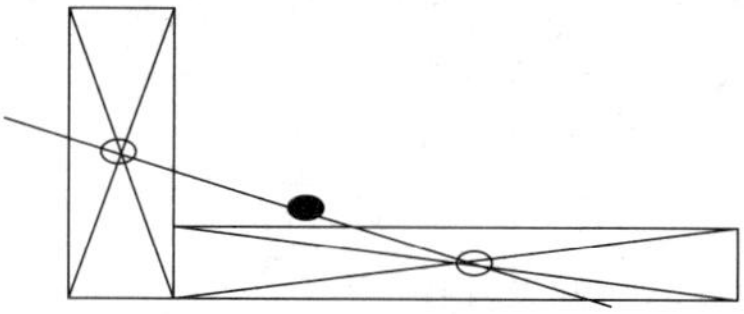

（d）组合体重心：先算出各个分物体的重心，再算出组合体的重心

图 6-2　部分物体重心实例

第二节　起重吊具的种类与选择

在起重作业中，工件的捆绑吊挂不正确会使工件变形损伤，甚至因吊索断裂或脱钩导致重物坠落，造成人身及设备的重大事故。所以特种作业人员必须熟悉起重吊挂知识，在作业中密切协作才能安全、高效、优质地完成起重运输任务。

一、吊具的种类

（一）链式吊具

链式吊具是一种金属吊索具，由吊链、吊环和吊钩等附件组成，常见的形式见图6-3。按承载能力分为60级吊具、80级吊具、100级吊具及120级吊具等。级别越高，同样规格的链条承载能力就越强。链式吊具广泛用于冶金、码头、化工、矿山、钢铁、电力、石油、港口、建筑机械等行业。

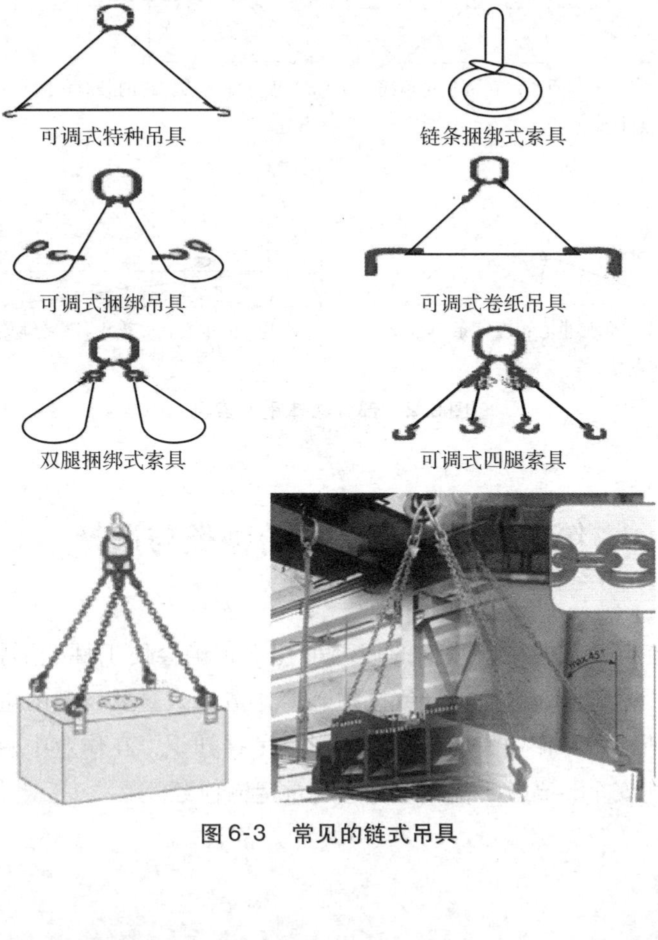

图6-3　常见的链式吊具

1. 链式吊具的优点

（1）承载能力高；

（2）安全性好，破断延伸率≥20%；

（3）组合形式多样，通用性、互换性强；

（4）长短可调、易于存放；

（5）使用寿命长；

（6）使用温度范围大；

（7）易于检测，方便快捷。

2. 链式吊具的缺点

（1）价格较吊带、钢丝绳偏高；

（2）自重偏大。

（二）吊带

按材料来分吊带可分成多种，主要有合成纤维吊带，如图6-4所示。

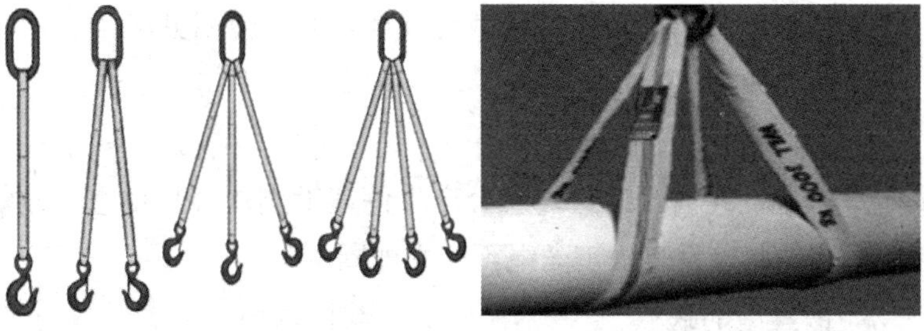

图6-4　吊带

合成纤维吊带以高强度聚酯（耐酸不耐碱）或聚丙烯（耐酸碱）、聚酰胺（耐碱不耐酸）工业强力长丝为原料，经工业织机编织或缠绕穿心而成。

1. 吊带的优点

（1）保护被吊物品，使其表面不被损坏；

（2）高强度，轻便，便于携带及进行吊装准备工作；

（3）柔软、便于操作；

（4）不腐蚀、不导电。

2. 吊带的缺点

（1）吊装时吊带容易被尖角割伤；

（2）不适用于高温及高沙尘环境，使用温度≤100 ℃；

（3）耐磨性低；

（4）不能随时调整使用长度。

（三）钢丝绳

钢丝绳是由多根细钢丝捻成股，再由一定数量股捻绕成螺旋状的绳。在物料搬运机械中，供提升、牵引、拉紧和承载之用。常见的绳芯有麻芯和钢芯两种。

1. 钢丝绳的优点

（1）承载能力较强；

（2）强度高，能承受冲击载荷挠性较好，使用灵活；

（3）自重较轻；

（4）价格便宜；

（5）钢丝绳磨损后，外表会产生许多毛刺，容易检查；破断前有断丝预兆，且整根钢丝绳不会立即断裂。

2. 钢丝绳的缺点

（1）麻芯的钢丝绳使用温度较低，不适合于高温作业；

（2）钢丝绳刚性较大，不易弯曲。起重作业选用的钢丝绳一般为点接触类型，如果配用的滑轮直径过小或直角弯折，钢丝绳容易损坏，会影响钢丝绳的安全使用并缩短钢丝绳的使用寿命。

二、正确选用起重吊具

1. 选择吊具的规格及类型

在选择吊具的规格时，必须把被起吊物体的负载、尺寸、重量、外形以及准备采用的吊装方法等因素列入考虑范围之中，给出极限工作力的要求，同时对工作环境、负载的种类也必须加以考虑。选择既符合负荷能力，又能满足使用方式的恰当长度的吊索具。如果多个吊具被同时使用，必须选用同样类型的吊具。无论附件或软吊耳是否需要，都必须慎重考虑吊具的末段和辅助附件是否与起重设备相匹配。

2. 遵循好的吊装经验

在开始吊装之前要做好起吊安全操作方案。

3. 吊装时必须正确选择吊具的连接方式

吊装时吊具必须安放在负载上，以便负载能够均衡作用。吊具始终不能打结或扭曲，吊索缝合部位不能放置在吊钩或起重设备上，并且应总是放在吊索的直立部分，通过远离负载、吊钩和锁紧角度来防止标签的损伤。

4. 使用多重组合吊具的注意事项

对多重组合吊具的极限工作力的评估取决于组合吊具承受负载的对称性，也就是当起吊时，吊具的分支按设计对称分布，具有同样垂直角度。例如，使用三个组合吊具时，假如分支不能按设计均匀地受力，最大的力在一个分支上，那将是设计角度临近分支最大承受力的总和。同样的结果在四个组合吊具中，如果不是刚性负载，将同样计算在内。值得注意的是，对于刚性负载，大部分力或许被其中三支甚至两支承担，剩余的那支仅仅保护负载的平衡。

5. 吊具的保护

吊装时，吊索须远离尖锐边缘、摩擦和磨损。不论是远离负载还是起重用具，应该保护吊索的恰当部分不受尖锐边缘和磨损的破坏，必要的额外加强保护补充是必需的。

6. 起重时注意负载平衡

在起重过程中，必须采用安全的方式使用吊索，不能让负载倾斜或从吊索中滑落；必须安排吊索在负载的重心和吊装点的直上方，让负载平衡、稳定。假如负载重心不在吊点之下，运动中的吊索可能越过起重点，导致危险。

7. 注意吊具采用的吊装方式

如果使用吊篮，可以保证负载安全，因为没有像锁吊那样的锁紧行为，并且吊索可以翻转穿过起重点，推荐两支吊索一起使用。吊索的肢体悬挂尽可能垂直，有利于确保负载在分支间平等分担。当扁平吊索锁吊时，应该允许安放自然角度（120°）的状态，从而避免由于摩擦产生热，吊索既不处于强力强制位置，也不企图制造紧的夹口，正确的、安全的安装方式是采用一个吊索的双倍锁吊，双倍锁吊能保证安全和预防负载从吊索中滑落。

8. 确保人员安全

在吊装过程中，要密切注意，确保人员安全，必须警告在危险状态下的作业人员，如遇危险，应立即从危险地带撤出。手或身体的其他部位必须远离吊具，防止当吊具松弛时受到伤害。

9. 吊装过程中必须采用示范性方式起吊

必须采用示范性的吊装，吊索从松弛地拿起直到拉紧，负载逐渐被提升到预定的位置，特别重要的是在吊篮或自由的拉紧时摩擦力承担负载。

10. 控制负载的旋转

如果负载趋向于倾斜，必须放下起重物，确保负载受到约束，防止负载意外旋转。

11. 避免吊具的碰撞、拖、拉、摩擦、振荡，防止吊具的损坏

在吊装时，必须注意确保负载受到约束，防止意外翻转或和其他物体碰撞。避免拖、拉、摩擦或振荡负载，如果那样将增加索具的受力。假如索具在承受负载或负载压在索具上时，不能在地面或粗糙的物体表面拖、拉吊索具。

12. 负载的降落

当起吊时，负载应该在平等制约的情况下降落。

13. 吊具的正确储藏方式

当吊具完成起重操作后，必须正确储藏。假如不再使用，吊具必须储藏在干净、干燥、良好的通风条件下，并且安放在架子上，远离热源、可能侵蚀外表的气体、化学品、直射太阳光或其他强紫外线照射。优先使用的物品，必须检查吊索在使用过程中发生的任何损伤，不再储藏已经损坏的吊索。当起重时，吊索受到酸碱的污染，用水稀释或用相应的稀释剂去中和。稀释剂的选用必须严格依据起重吊索的材料或参照供应商的推荐。吊索在使用中变湿，或者由于清洁而变湿，可以挂起来，自然晾干。

起重吊具常用钢丝绳、起重链、麻绳等绳索，不得超载使用。

第三节　物体的稳定、吊点的选择及吊装方法

一、物体的稳定

对于起重作业来说，保证物体的稳定条件可从两个方面考

虑：一是物体放置时应保证有可靠的稳定性，不倾倒；二是吊装运输过程中应有可靠的稳定性，保证正常吊运过程不倾斜或翻转。

放置物体时，物体的重心作用线接近或超过物体支承面边缘（倾翻临界线）时，物体是不稳定的。物体的重心越低，支承面越大，物体所处的状态就越稳定。

吊运物体时，为保证吊运过程中物体的稳定性，防止提升、运输中发生倾斜、摆动或翻转，应使吊钩吊点与被吊物的重心在同一条铅垂线上。

二、物体吊点选择的原则

在吊装物体时，为避免物体的倾斜、翻转、转动，应根据物体的形状特点、重心位置，正确选择起吊点，使物体在吊运过程中有足够的稳定性，以免发生事故。

1. 试吊法选择吊点

在一般吊装工作中，多数起重作业并不需要用计算法去准确计算物体的重心位置，而是估计物件的重心位置，采用低位试吊的方法来逐步找到重心，从而确定吊点的绑扎位置。

2. 有起吊耳环的物件

对于有起吊耳环的物件，应使用耳环作为连接物体的吊点。在吊装前应检查耳环是否完好，必要时可加保护性辅助吊索。

3. 长形物体吊点的选择

（1）用一个吊点时，吊点位置应在距离起吊端 $0.3L$（L 为物体长度）处，如图 6-5 所示。

（2）用两个吊点时，吊点距物体两端的距离为 $0.2L$ 处，如图 6-6 所示。

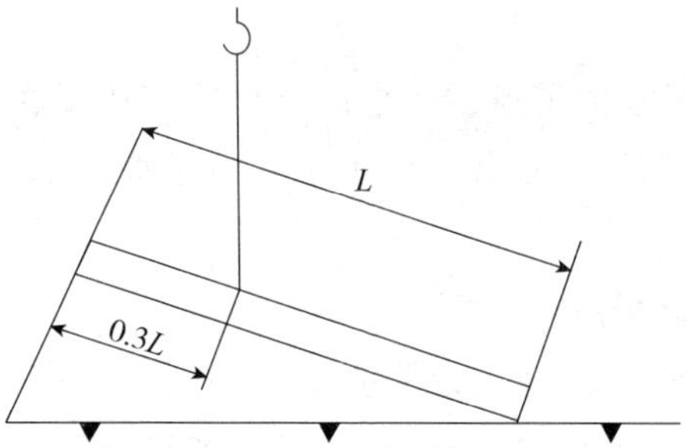

图 6-5　一个吊点

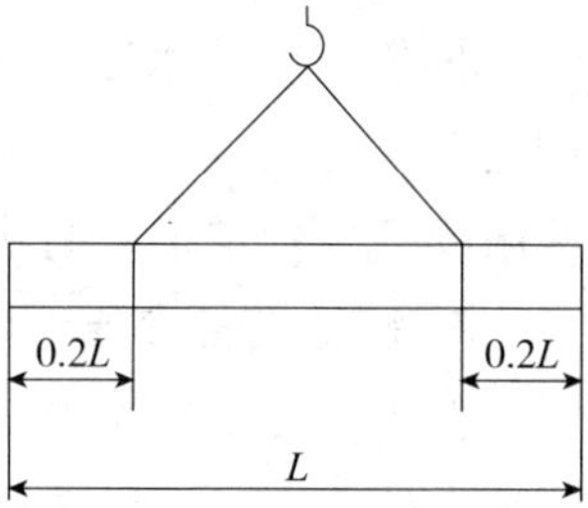

图 6-6　两个吊点

（3）用三个吊点时，其中两端的吊点距离两端的跨度为 0. 13L，而中间吊点的位置应在物体中心，如图 6-7 所示。

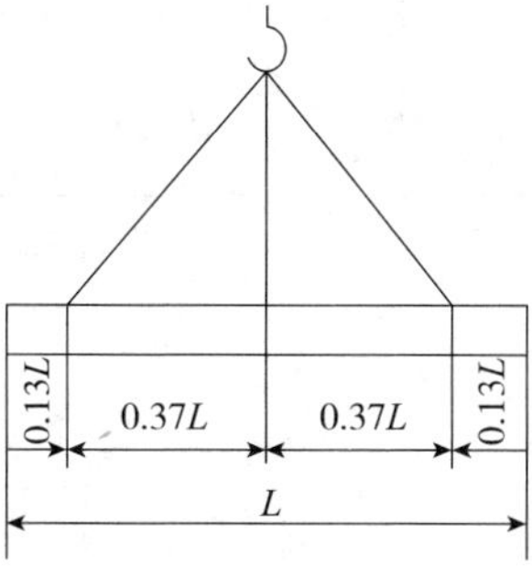

图 6-7　三个吊点

（4）用四个吊点时，两端的两个吊点与两端的距离为 0. 095L，中间两个吊点的跨度为 0. 27L，如图 6-8 所示。

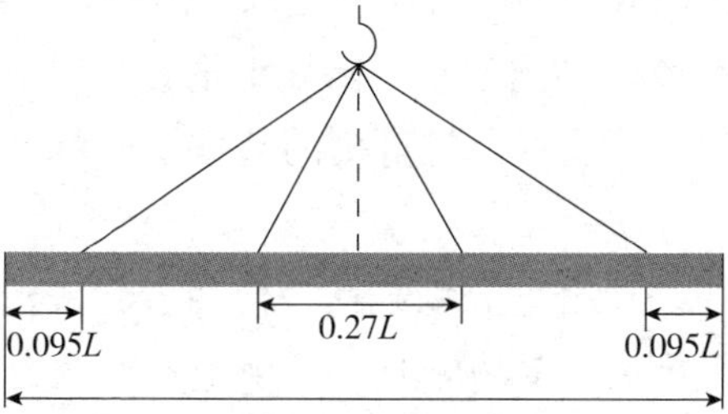

图 6-8　四个吊点

4. 方形物体吊点的选择

吊装方形物体时一般采用四个吊点，四个吊点位置应选择在四边对称的位置上，吊钩吊点应与吊物重心在同一条铅垂线上，使吊物处于稳定平衡的状态。

5. 机械设备安装平衡辅助吊点

在机械设备安装精度要求较高时，为保证安全顺利地装配，可采用确定主吊点后选择辅助吊点，配合简易吊具调节机件平衡的吊装法。通常多采用环链手拉葫芦调节机体的水平位置。

6. 两台起重机吊同一物体时吊点的选择

物体的重量超过一台起重机的额定起重量时，通常采用两台起重机使用平衡梁吊运物体的方法，如图 6-9 和图 6-10 所示。

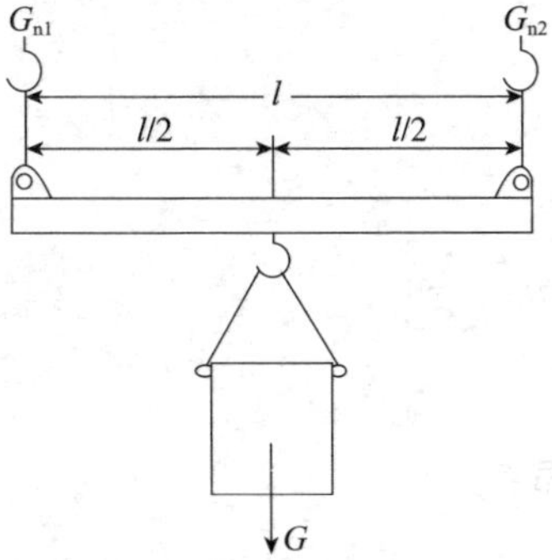

图 6-9　起重量相同时的吊点

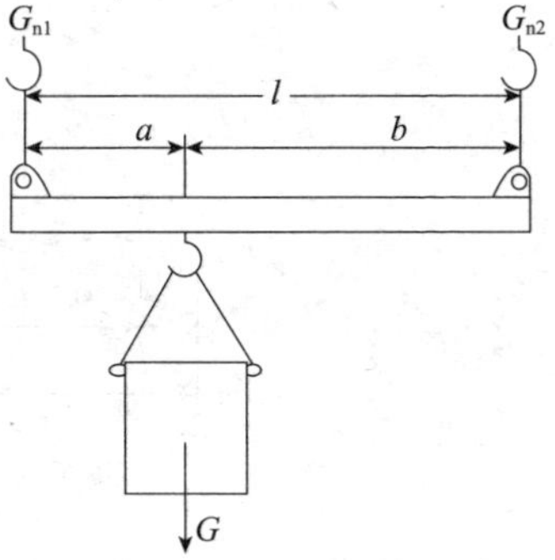

图 6-10　起重量不相同时的吊点

两台起重机吊同一物体时应满足以下两个条件：

（1）被吊装物体的重量与平衡梁重量之和应小于两台起重机额定起重量之和，并且每台起重机的起重量应留有 1.2 倍的安全系数。

（2）利用平衡梁合理分配载荷，使两台起重机均不超载。在两台起重机同时吊运一个物体时，正确地指挥两台起重机统一动作是安全完成吊装工作的关键。

三、正确吊挂

（1）吊具的承载能力不但与所用吊索（绳或链）的规格（截面大小）、吊索分支多少、起吊方法等因素有关，而且与分支吊索之间的夹角大小有关。夹角增大，吊索受到的拉力增大，为了起重吊挂安全，两吊索间的夹角不宜超过120°（或者说，吊索与铅垂线的夹角不宜超过60°）。

（2）不宜用单根钢丝绳来吊运重物，否则在吊物的重力作用下，这根钢丝绳或麻绳会扭转返松，甚至拉断，捆绑吊挂不得与吊物的棱角边直接接触，应该用衬垫保护。

（3）预防吊挂绳脱钩，可在吊钩上设置防脱钩装置。吊索挂在吊钩上采用钩扣的方法也可以防吊索脱钩，如图6-11所示。

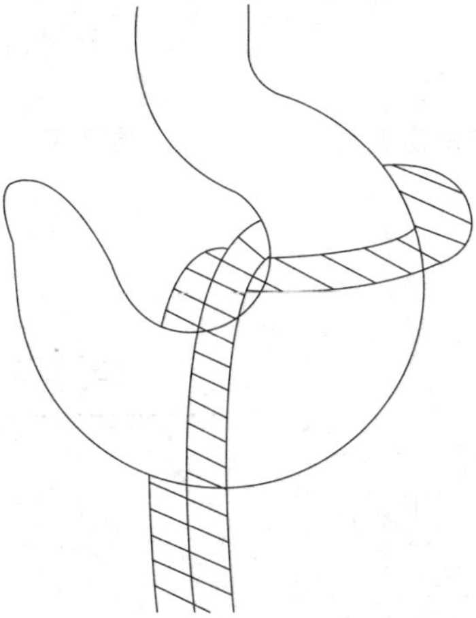

图6-11　防吊索脱钩的方法

（4）要保持吊物平衡，可调整吊索在吊物上的吊挂位置，或调整吊挂绳的长度，也可以用手动葫芦来调节，如图6-12所示。

（5）起重吊运大型精密设备和超长物件时，为防止吊物变形损坏，吊物既要保持平衡又不要被吊具擦伤，并且要防止变形，可采用平衡架起吊和临时加固起吊的方法，如图 6-13 和图 6-14 所示。

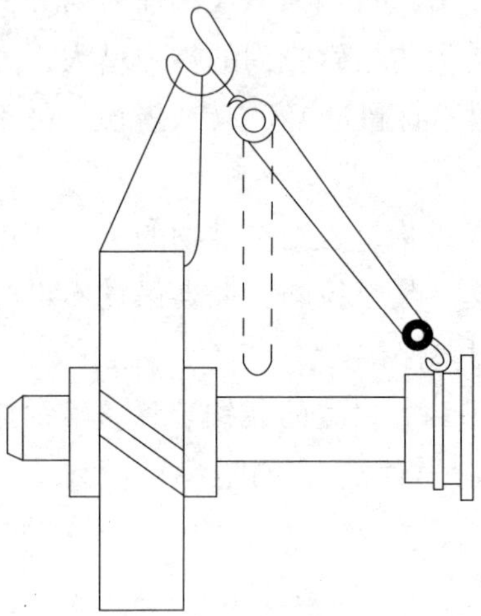

图 6-12　调整吊物平衡

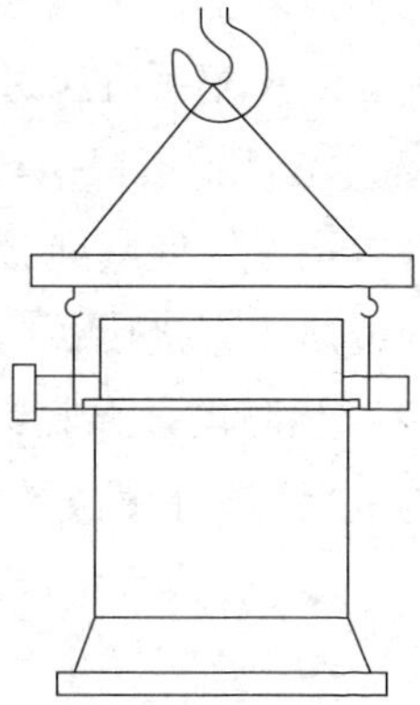

图 6-13　使用平衡架起吊

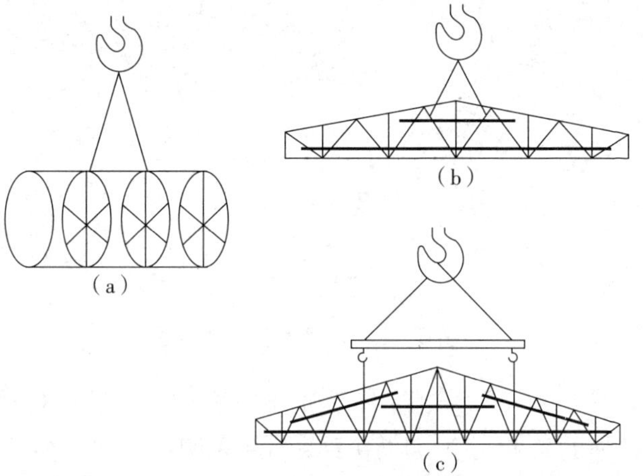

图 6-14　临时加固起吊

第四节　物体重量简易计算

一、金属材料理论重量计算方法

（重量单位为千克，kg；长度单位为米，m）

1. 角钢

每米重量 = 0.007 85 ×（边宽 + 边宽 − 边厚）× 边厚

例题：∠40 × 40 × 4 角钢每米重量 = 0.007 85 ×（40 + 40 − 4）× 4 = 2.39

2. 圆钢

每米重量 = 0.006 17 × 直径 × 直径（螺纹钢和圆钢相同）

例题：直径为 100 mm 圆钢每米重量 = 0.006 17 × 100 × 100 = 61.7

3. 扁钢

每米重量 = 0.007 85 × 厚度 × 边宽

例题：100 × 10 扁钢每米重量 = 0.007 85 × 100 × 10 = 7.85

4. 管材

每米重量 = 0.024 66 × 外径 ×（外径 − 壁厚）

例题：管材外径 100 mm，壁厚 10 mm，每米重量 = 0.024 66 × 100 ×（100 − 10）= 221.94

5. 板材

每平方米重量 = 7.85 × 厚度

例题：壁厚 10 mm 板材每平方米重量 = 7.85 × 10 = 78.5

二、钢材理论重量计算

钢的密度为 7 850 kg/m^3，各种钢材理论重量计算公式如表 6-1

所示。

表 6-1　各种钢材理论重量计算公式及示例

名称	计算公式	符号意义/单位	计算举例
圆钢、盘条	$W=0.00617\times d\times d$	d = 直径 mm	直径 100 mm 的圆钢，求每米重量。每米重量 = $0.00617\times 100^2=61.7$ kg
螺纹钢	$W=0.00617\times d\times d$	d = 断面直径 mm	断面直径为 12 mm 的螺纹钢，求每米重量。每米重量 = $0.00617\times 12^2=0.89$ kg
方钢	$W=0.00785\times a\times a$	a = 边宽 mm	边宽 20 mm 的方钢，求每米重量。每米重量 = $0.00785\times 20^2=3.14$ kg
扁钢	$W=0.00785\times b\times d$	b = 边宽 mm d = 厚 mm	边宽 40 mm，厚 5 mm 的扁钢，求每米重量。每米重量 = $0.00785\times 40\times 5=1.57$ kg
六角钢	$W=0.006798\times s\times s$	s = 对边距离 mm	对边距离 50 mm 的六角钢，求每米重量。每米重量 = $0.006798\times 50^2=17$ kg
八角钢	$W=0.0065\times s\times s$	s = 对边距离 mm	对边距离 80 mm 的八角钢，求每米重量。每米重量 = $0.0065\times 80^2=41.6$ kg
等边角钢	$W=0.00785\times[d(2b-d)+0.215(R^2-2r^2)]$	b = 边宽 mm d = 边厚 mm R = 内弧半径 mm r = 端弧半径 mm	求 20 mm × 4 mm 等边角钢的每米重量。从冶金产品目录中查出 4 mm × 20 mm 等边角钢的 R 为 3.5，r 为 1.2，则每米重量 = $0.00785\times[4\times(2\times 20-4)+0.215\times(3.5^2-2\times 1.2^2)]=1.15$ kg

续表

名称	计算公式	符号意义/单位	计算举例
不等边角钢	$W=0.00785\times[d(B+b-d)+0.215(R^2-2r^2)]$	B = 长边宽 mm b = 短边宽 mm d = 边厚 mm R = 内弧半径 mm r = 端弧半径 mm	求 30 mm×20 mm×4 mm 不等边角钢的每米重量。从冶金产品目录中查出 30 mm×20 mm×4 mm 不等边角钢的 R 为 3.5，r 为 1.2，则每米重量 $=0.00785\times[4\times(30+20-4)+0.215\times(3.5^2-2\times1.2^2)]=1.46$ kg
槽钢	$W=0.00785\times[hd+2t(b-d)+0.349(R^2-r^2)]$	h = 高、b = 腿长、d = 腰厚 mm t = 平均腿厚 mm R = 内弧半径 mm r = 端弧半径 mm	求 80 mm×43 mm×5 mm 的槽钢的每米重量。从冶金产品目录中查出该槽钢 t 为 8，R 为 8，r 为 4，则每米重量 $=0.00785\times[80\times5+2\times8\times(43-5)+0.349\times(8^2-4^2)]=8.04$ kg
工字钢	$W=0.00785\times[hd+2t(b-d)+0.615(R^2-r^2)]$	h = 高、b = 腿长、d = 腰厚 mm t = 平均腿厚 mm R = 内弧半径 mm r = 端弧半径 mm	求 250 mm×118 mm×10 mm 的工字钢每米重量。从金属材料手册中查出该工字钢 t 为 13，R 为 10，r 为 5，则每米重量 $=0.00785\times[250\times10+2\times13\times(118-10)+0.615\times(10^2-5^2)]=42.03$ kg
钢板	$W=7.85\times d$	d = 厚 mm	厚度 4 mm 的钢板，求每平方米重量。每平方米重量 $=7.85\times4=31.4$ kg

续表

名称	计算公式	符号意义/单位	计算举例
钢管（包括无缝钢管及焊接钢管）	$W=0.02466\times S(D-S)$	D = 外径 mm S = 壁厚 mm	外径为 60 mm，壁厚 4 mm 的无缝钢管，求每米重量。每米重量 = 0.024 66 × 4 × (60 − 4) = 5 kg

专业技术篇

第七章　施工升降机的分类及型号

第一节　施工升降机的分类

施工升降机（俗称施工梯）是指临时安装的、带有导向的平台、吊笼或其他运载装置并可在建设施工工地各层站停靠服务的升降机械。它们常用于建筑工地或者现有建筑物的建筑工程中，用来运送工人及物料到各个不同的楼层。

施工升降机按其传动形式可分为齿轮齿条式、钢丝绳式和混合式三种。

（一） 齿轮齿条式 （人货两用） 施工升降机

该施工升降机的传动方式为齿轮齿条式，动力驱动装置均通过减速器带动小齿轮转动，再由传动小齿轮和导轨架上的齿条啮合，通过小齿轮的转动带动吊笼升降，每个吊笼上均装有渐进式防坠安全器，如图 7-1 所示。

按驱动传动方式的不同，齿轮齿条式施工升降机可分为普通（双驱动或三驱动）型式、液压传动驱动型式、变频调速驱动型式。按导轨架结构形式的不同可分为直立式、倾斜式、曲线式。

1. 普通（双驱动或三驱动）施工升降机

普通（双驱动或三驱动）施工升降机是采用专用双驱动或三驱动电机作为动力，其起升速度一般约为 36 m/min。采用双驱动

图 7-1　齿轮齿条式施工升降机

的施工升降机通常带有对重。其导轨架由标准节通过高强度螺栓连接组装而成的直立结构形式，在建筑施工中广泛使用。

2. 液压施工升降机

液压施工升降机由于采用了液压传动驱动并实现无级调速，启动、制动平稳和运行高速。驱动机构通过电机带动柱塞泵产生高压油液，再由高压油液驱使油马达运转，并通过减速器及主动小齿轮实现吊笼的上下运行。但由于噪声大、成本高，目前几乎不使用。

3. 变频调速施工升降机

变频调速施工升降机由于采用了变频调速技术，有手控有级变速和无级变速，其调速性能更优于液压施工升降机，启动、制动更平稳，噪声更小。其工作原理是电源通过变频调速器，改变进入电动机的电源频率，以使电动机变速。

由于变频调速施工升降机具有良好的调速性能、较大的提升高度，故在高层、超高层建筑中得到广泛的应用。

4. 倾斜式施工升降机

倾斜式施工升降机是根据特殊形状建筑物的施工需要而产生的，其吊笼在运行过程中应始终保持垂直状态，导轨架按建筑物需要倾斜安装，吊笼两受力立柱与吊笼框制作成倾斜形式，其倾斜度与导轨架一致。由于吊笼的两立柱、导轨架、齿条与吊笼都有一个倾斜度，故驱动装置布置形式呈阶梯状，如图 7-2 所示。

导轨架轴线与垂直线夹角一般不大于11°。

图 7-2　倾斜式施工升降机

倾斜式施工升降机与直立式施工升降机在设计与制造上主要区别在于倾斜式施工升降机导轨架的倾斜度由底座的形式和附墙架的长短来决定。附墙架设有长度调节装置，以便在安装中调节附墙架的长短，保证导轨架的倾斜度和直线度。

5. 曲线式施工升降机

曲线式施工升降机无对重，导轨架采用矩形截面或片状方式，通过附墙架或直接与建筑物内外壁面进行直线、斜线和曲线架设。该机型主要应用于以电厂冷却塔为代表的曲线外形的建筑物施工中，如图 7-3 所示。

（二） 钢丝绳式施工升降机

钢丝绳式施工升降机是采用钢丝绳提升的施工升降机，可分为人货两用施工升降机和货用施工升降机两种类型。

图 7-3　曲线式施工升降机

1. 人货两用施工升降机

人货两用施工升降机是用于运载人员和货物的施工升降机。它是由提升钢丝绳通过导轨架顶上的导向滑轮，用设置在地面上的曳引机（卷扬机）使吊笼沿导轨架做上下运动的一种施工升降机，如图 7-4 所示。

该机型每个吊笼均设有防坠、限速双重功能的防坠安全装置，当吊笼超速下行或其悬挂装置断裂时，该装置能将吊笼制停并保持静止状态。

2. 货用施工升降机

货运施工升降机是只用于运载货物，禁止运载人员的施工升降机，如图 7-5 所示。它是由提升钢丝绳通过导轨架顶上的导向滑轮，用设置在地面上的卷扬机（曳引机）使吊笼沿导轨架做上下运动的一种施工升降机。该升降机设有断绳保护装置，当吊笼提升钢丝绳松绳或断裂时，该装置能制停带有额定载重量的吊笼且不造成结构严重损害。

图 7-4　人货两用施工升降机

图 7-5　货用施工升降机

（三）混合式施工升降机

该机型为一个吊笼采用齿轮齿条传动，另一个吊笼采用钢丝绳提升的施工升降机。目前在建筑施工中很少使用。

第二节　施工升降机的型号编制方法

（一）施工升降机的型号

施工升降机的型号由类型、主参数和其他说明等代号组成。

如：

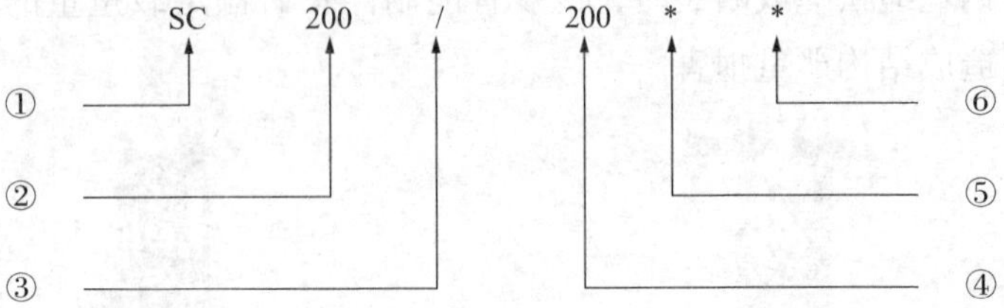

①“S”，组代号，表示施工升降机；“C”，型代号，表示齿轮齿条式（钢丝绳式用“S”表示，混合式用“H”表示）。

②“200”表示该施工升降机的额定载重量为2 000 kg。

③“/”和④“200”表示双吊笼升降机，每个吊笼的额定载重量为2 000 kg。

⑤、⑥是升降机其他性能的说明，国内各企业都有自己的标注方式，通常用于标识升降机的提升速度或者具体运行方式。

另外，如果是有带对重的升降机，在①和②之间加“D”字标识。当导轨架是倾斜式或曲线式时，则在①和②之间加“Q”字标识。

（二）标记示例

齿轮齿条式施工升降机，双吊笼且带有对重，一个吊笼的额定载重量为2 000 kg，另一个吊笼的额定载重量为2 500 kg，提升速度为高速，可表示为施工升降机SCD200/250 GS，其中“GS”表示为高速。

第八章　施工升降机的技术参数

第一节　施工升降机的基本技术参数

一、基本技术参数

（1）额定载重量：工作工况下吊笼允许的最大载荷。

（2）额定提升速度：吊笼装载额定载重量，在额定功率下稳定上升的设计速度。

（3）吊笼净空尺寸：吊笼内空间大小，即长×宽×高。

（4）最大提升高度：吊笼运行至最高上限位位置时，吊笼底板与基础底架平面间的垂直距离。

（5）额定安装载重量：安装工况下吊笼允许的最大载荷。

（6）标准节尺寸：组成导轨架的可以互换的构件的尺寸大小（长×宽×高）。

（7）对重重量：带对重的施工升降机的对重重量。

注：吊笼最多可载人数应按人均占用吊笼底板面积的0.2 m^2 计算，每个人的体重按75 kg 计算。

［例］1 台单吊笼，额定载重量为2 000 kg 的施工升降机，如果单纯载人，则只能装载24 个人，而在进行安装或者拆卸时允许装载2 000 kg。施工升降机吊笼内部的平面尺寸是长为3.2 m，

宽为 1.5 m，使用空间高度为 2.5 m。

该施工升降机安装高度为 200 m，所用的标准节规格为 650 mm × 650 mm × 1 508 mm，总共需要安装 133 节标准节，其中下端 40 节标准节立管的厚度 δ 为 6.3 mm，上端 93 节标准节立管的厚度 δ 为 4.5 mm。

该施工升降机采用变频调速驱动形式，提升速度是 0 ~ 96 m/min，配置 3 台 22 kW 电机和 90 kW 变频器，供电熔断器电流是 153 A。

该施工升降机配置的安全器型号是 SAJ50-2.0，表示额定负载为 5 t，标定动作速度为 2.0 m/s。该施工升降机的主要技术参数如表 8-1 所示。

表 8-1　该施工升降机的主要技术参数

<table>
<tr><th>序号</th><th>项目</th><th>单位</th><th colspan="2">SC200GS</th></tr>
<tr><td>1</td><td>额定载重量</td><td>—</td><td colspan="2">2 000 kg（或 24 人）</td></tr>
<tr><td>2</td><td>额定安装载重量</td><td>kg</td><td colspan="2">2 000</td></tr>
<tr><td>3</td><td>安装高度</td><td>m</td><td colspan="2">200</td></tr>
<tr><td>4</td><td>提升速度</td><td>m/min</td><td colspan="2">0 ~ 96</td></tr>
<tr><td>5</td><td>电机功率</td><td>kW</td><td colspan="2">3 × 22</td></tr>
<tr><td>6</td><td>供电熔断器电流</td><td>A</td><td colspan="2">153</td></tr>
<tr><td>7</td><td>变频器功率</td><td>kW</td><td colspan="2">90</td></tr>
<tr><td>8</td><td>安全器</td><td>—</td><td colspan="2">SAJ50-2.0</td></tr>
<tr><td>9</td><td>吊笼内部面积（长 × 宽 × 高）</td><td>mm</td><td colspan="2">3 200 × 1 500 × 2 500</td></tr>
<tr><td>10</td><td>吊笼重量（含传动机构）</td><td>kg</td><td colspan="2">2 500</td></tr>
<tr><td>11</td><td>标准节规格</td><td>mm</td><td colspan="2">650 × 650 × 1 508</td></tr>
<tr><td rowspan="2">12</td><td rowspan="2">标准节数量</td><td rowspan="2">节</td><td>立管壁厚 δ4.5</td><td>93</td></tr>
<tr><td>立管壁厚 δ6.3</td><td>40</td></tr>
</table>

二、常用施工升降机及主要技术参数

SS100（SS100/100）型货用施工升降机主要技术参数如表8-2所示。

表8-2　SS100型货用施工升降机主要技术性能参数

序号	项目		单位	技术参数
1	额定载重量		kg	1 000
2	安装吊杆额定起重量		kg	120
3	吊笼净空尺寸（长×宽）		m	(2.5～3.8)×(1.3～1.5)
4	提升高度		m	50
5	额定提升速度		m/min	28～30
6	电动机	功率	kW	11
		电源		380 V，50 Hz
7	标准节尺寸（长×宽×高）		m	0.8×0.8×1.508
8	标准节重量		kg	110
9	最大自由端高度		m	6

SCD200/200型人货两用施工升降机的主要技术参数如表8-3所示。

表8-3　SCD200/200型人货两用施工升降机的主要技术参数

序号	项目	单位	技术参数
1	额定载重量	kg	2×2 000
2	额定提升速度	m/min	38
3	最大高度	m	150
4	吊笼净空尺寸（长×宽×高）	m	3.0×1.3×2.7
5	电动机功率	kW	11
6	电动机数量	台	2×2

续表

序号	项目	单位	技术参数
7	标准节高度	mm	1 508
8	安装吊杆起重量	kg	≤200
9	对重重量	kg	2 ×1 260
10	最大自由端高度	m	9

SCD200/200Y 型液压施工升降机的主要技术参数如表 8-4 所示。

表 8-4 SCD200/200Y 型液压施工升降机的主要技术参数

序号	项目	单位	技术参数
1	最大提升高度	m	350
2	吊笼内净尺寸	m	3.2 ×1.5 ×2.2
3	额定载重量	kg	2 000
4	吊笼起升速度	m/min	0 ~80
5	安装工况提升速度	m/min	0 ~44
6	对重重量	kg	2 200
7	安装吊杆额定起重量	kg	220
8	附墙距离	m	1.65 ~4.00
9	附墙间距	m	9
10	电动机功率	kW	37
11	变量泵排量	mL/r	55
12	油马达排量	mL/r	75
13	液压工作压力	MPa	24

SC200/200G 型和 SCD200/200G 型变频调速液压施工升降机的主要技术参数如表 8-5 所示。

表 8-5　SC200/200G 型和 SCD200/200G 型变频调速液压施工升降机的主要技术参数

序号	项目	单位	技术参数	
			SC200/200G	SCD200/200G
1	额定载重量	kg	2 ×2 000	2 ×2 000
2	提升速度	m/min	0 ~ 60	0 ~ 96
3	最大高度	m	450	450
4	电动机功率	kW	15	15
5	电动机数量	台	2 ×3	2 ×3
6	对重重量	kg	—	2 ×2 000

SCQ150/150 型施工升降机的主要技术参数如表 8-6 所示。

表 8-6　SCQ150/150 型施工升降机的主要技术参数

序号	项目	单位	技术参数
1	最大提升高度	m	215
2	导轨架倾角 α	—	7°
3	额定载重量	kg	2 ×1 000
4	提升速度	m/min	37
5	电动机功率	kW	(7.5 ×3) ×2

SCQ60 型曲线式施工升降机的主要技术参数如表 8-7 所示。

表 8-7　SCQ60 型曲线式施工升降机的主要技术参数

序号	项目	单位	技术参数
1	额定载重量	kg	600
2	最大提升速度	m/min	28
3	吊笼尺寸	m	2.1 ×0.88 ×2.25
4	调平机构倾角 α	—	-9° ~21°
5	导轨架转角 β	—	1°
6	最大提升高度	m	150
7	电动机功率	kW	7.5

第二节　施工升降机的基本构造及工作原理

一、基本构造

施工升降机一般由金属结构、传动机构、安全装置和控制系统四部分组成。主要构件有吊笼、传动机构（即拖动系统）、导轨架（标准节）、底架、外笼、附墙架、电缆导向装置、层门、对重、天轮、安全器、吊杆、电控系统和其他辅助系统等，如图 8-1 所示。

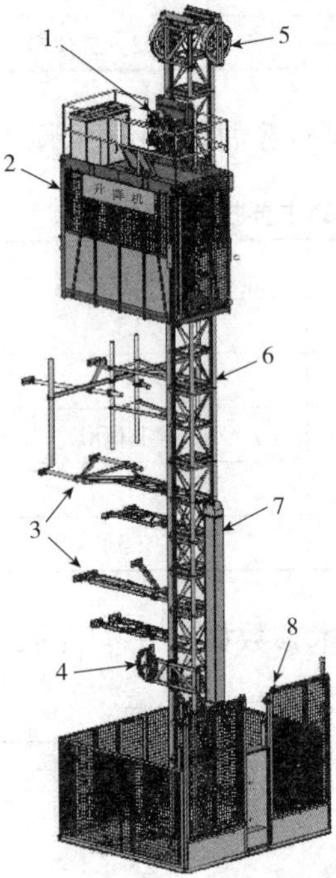

1—传动机构；2—吊笼；3—附墙架；4—电缆小车；5—天轮；6—导轨架；7—对重；8—外笼。

图 8-1　施工升降机的基本构造

（一）吊笼

吊笼是施工升降机的主要运动部件，用于装载运输人员或者货物。

吊笼为一整体长方体焊接钢结构，称为“整体式”吊笼，如图 8-2 所示；或者由多个钢结构通过装配组成，称为“模块式”或者“拆分式”吊笼。吊笼设有前、后进出门或侧门。设侧门的施工升降机，吊笼上就没有专门供司机操作的驾驶室。吊笼顶上四周有安全围栏，笼顶作为施工升降机安装或者拆卸的工作平台，上开有一个天窗，可以使用吊笼内配备的小梯子上下。

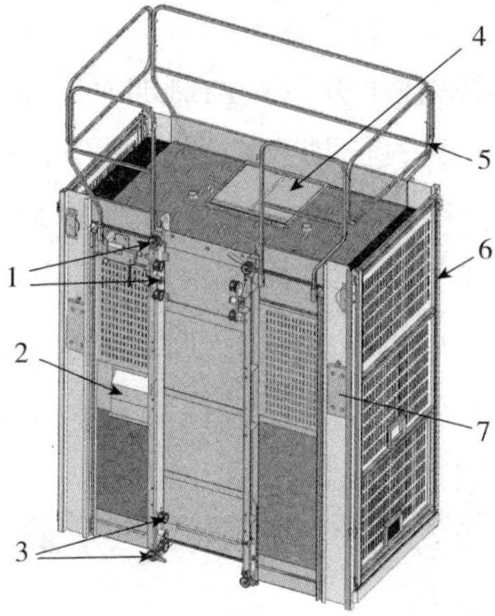

1—滚轮；2—操作台；3—滚轮；4—天窗；
5—安全围栏；6—吊笼门；7—门配重。

图 8-2 吊笼

吊笼门的形式有很多种，通常是在门上安装有滑轮，可以沿着吊笼上的滑道上下或左右滑动开启，如图 8-3 所示。

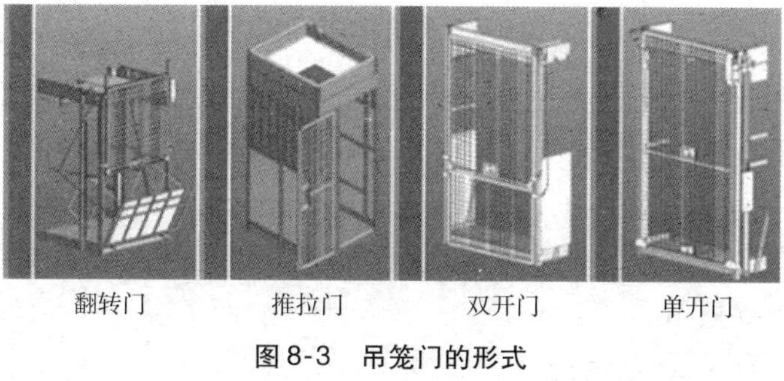

图 8-3 吊笼门的形式

1）翻转门：也是两扇门，上面一扇门往上开启，下面一扇门以下端为转轴往外翻转，两扇门自平衡重量。

2）推拉门：上下各一滑道或滚轮，可以向一侧或两侧开启。

3）双开门：即两扇门，分别往上或往下开启，两扇门自平衡重量。

4）单开门：通常往上开启，两侧加有配重块。

吊笼门上安装有机械门锁和电器行程开关双联锁装置，如图 8-4 所示。这样在运行过程中，吊笼门无法从内部开启。只有到达相应的楼层位置时，通过安装在外笼或者层门上的开关板（或碰铁）来开启门锁，电器行程开关会将吊笼门的状态（开启或关闭）信号发向电气控制箱，在门被打开（或未完全关闭）时不允许施工升降机启动运行。

1—门刀；2—行程开关。

图 8-4　吊笼双联锁装置

吊笼上有两根立柱（也称大梁），立柱上安装有数套滚轮，使吊笼能够抱住导轨架，并在其上做上下运行。吊笼上还安装有至少一对安全保护钩，它的作用是万一上双滚轮螺栓损坏甚至折断，使上双滚轮脱出并掉落之后，吊笼仍能保持在导轨架之上。如图 8-5 所示。

（二）传动机构

传动机构一般由电机、减速机、电磁制动器、弹性联轴器、传动齿轮、安装大板、传动小车架和滚轮等组成，如图 8-6 所示。传动机构通过减速机输出端齿轮与导轨架上的齿条啮合，来带动传动机构和吊笼上下运行。

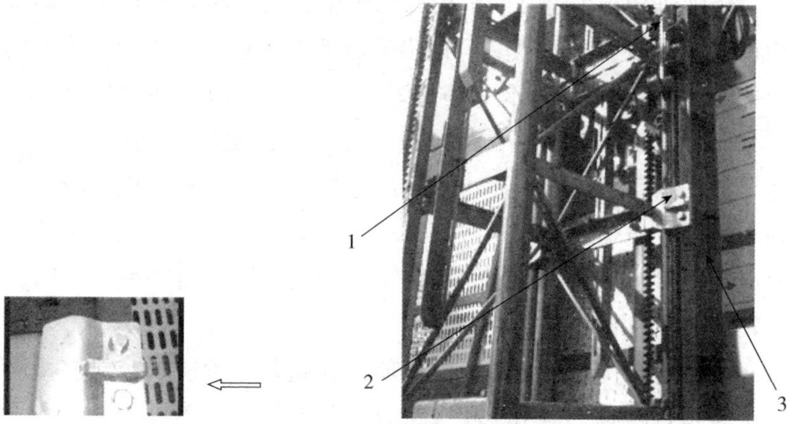

1—上双滚轮；2—安全保护钩；3—立柱。

图 8-5　安全保护钩

1—小车架；2—大板；3—减速机；4—联轴器；

5—滚轮；6—电机；7—制动器。

图 8-6　传动机构

传动机构与吊笼之间采用专用销轴连接，滚轮将整个传动机构锁定在导轨架上，使其只能沿导轨架上下运行，传动机构上同样也安装至少一对安全钩，防止滚轮损坏时传动机构脱离导轨架。

每台施工升降机通常都是根据要求（如足够的功率和扭矩，适合的安全系数等）配置电机和减速机，所以当有电机或减速机损坏时，应通知生产厂家协助处理，不能擅自使用其他厂家的电机或减速机来代替。此外，还要注意的是不同额定功率、不同额定转速的电机不能组合使用。

在传动结构与吊笼之间连接使用的超载检测装置，能够检测出吊笼是否超载，当吊笼超载时会向操作者发出警报。

施工升降机使用的电动机均有失电制动功能，如图 8-7 所示。当通电工作时，电磁铁产生吸力，使摩擦片与摩擦盘脱离接触，电动机能够转动工作。当断电后，摩擦片在弹簧力的作用下，重新压紧摩擦盘，使电动机转子不能转动。

1—摩擦盘；2—摩擦片；3—手动释放装置；4—电磁铁绕线组。

图 8-7　施工升降机使用的电动机

电动机末端的制动器上都有手动释放刹车装置，在遇到紧急情况时可以用来人工释放刹车，使吊笼下滑，如图 8-8 所示。

（三）导轨架（标准节）

图 8-8　手动释放刹车装置

通常把用于支撑和引导吊笼、对重等装置运行的金属构架称作导轨架，是由若干个施工升降机的标准节装配好齿条后，用高强度螺栓连接而成的。而标准节作为导轨架的主要构件，通常是可以实现互换的标准件。

最常见的标准节高度尺寸均为 1 508 mm。标准节的规格主要根据导轨架安装高度来选择，比较常用的标准节规格是 650 mm × 650 mm × 1 508 mm，重量约在 140 kg。标准节的四条主支撑梁是直径为 ϕ76 mm 的钢管，可以根据高度和载重要求采用不同厚度的钢管，如图 8-9 所示，图 8-9 是国内某施工升降机生产厂商的标准节高度配置图。

通常随着高度的变化，主支撑钢管厚度也随之变化，安装时必须把主支撑钢管厚度较厚的标准节安装在下面，按照“从下到上，由厚到薄”的原则来安装。

单吊笼施工升降机的标准节只需要安装一根齿条，双吊笼施工升降机的标准节需要安装两根齿条。

不同厂家的标准节规格会有所不同，主要是根据施工升降机的安装高度、载重量和安装环境等来选择，以下列出几种形式以供参考，如图 8-10 所示。

（1）如图 8-10（a）所示，标准节规格为 650 mm × 200 mm × 1 508 mm，可用于曲线梯和各种特殊安装环境。

（2）如图 8-10（b）所示，标准节规格为 650 mm × 650 mm × 1 508 mm，可用于普通型升降机。

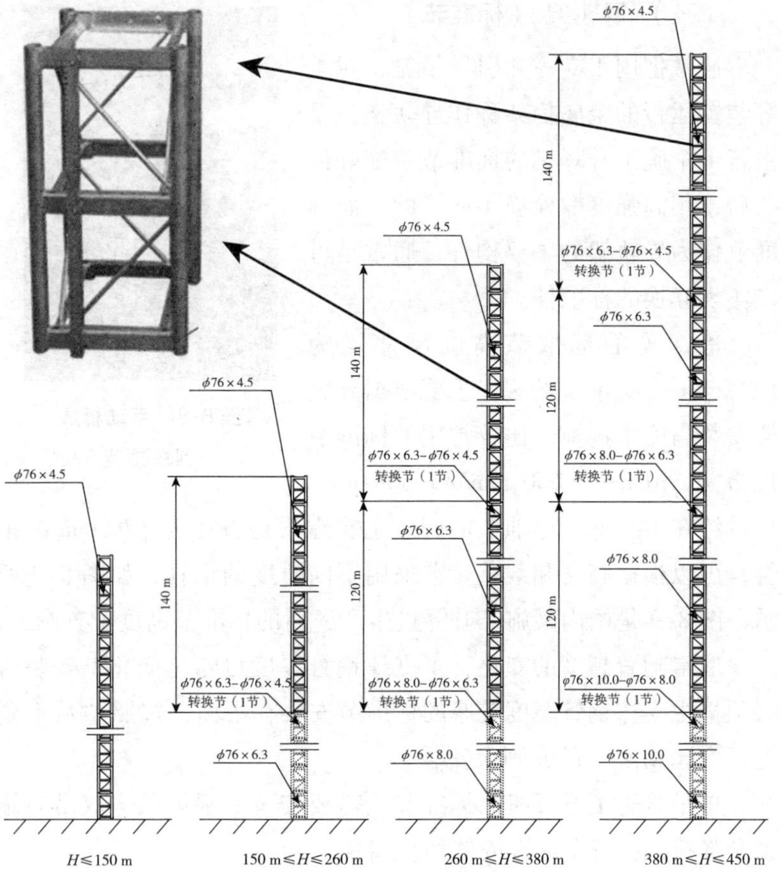

图 8-9 标准节高度配置

注：*H* 为导轨架安装高度。

（3）如图 8-10（c）所示，标准节规格为 650 mm×900 mm×1 508 mm，可用于重型、超重型升降机。

（4）如图 8-10（d）所示，标准节规格为 450 mm×450 mm×1 508 mm，可用于轻型、小型升降机。

（5）如图 8-10（e）所示，标准节规格为 180 mm×180 mm×

1 508 mm，方管式，可用于小型升降机。

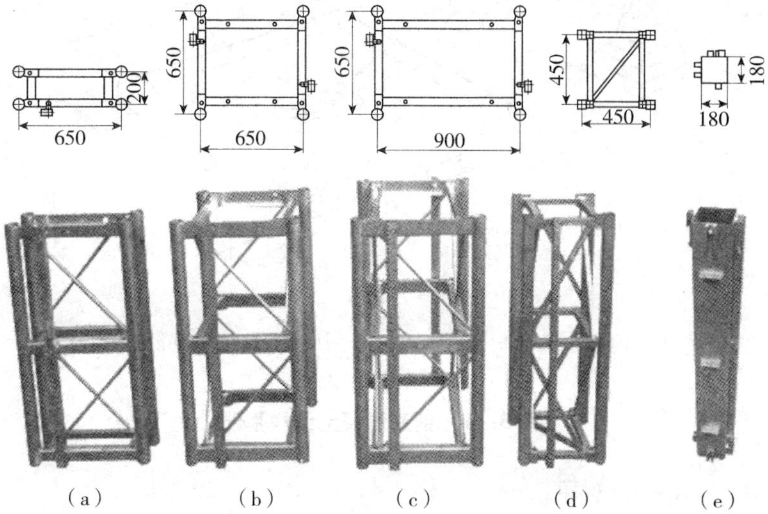

图 8-10　各种规格的标准节（单位：mm）

注：每节高度（H）=1 508 mm。

（四）基础

施工升降机的基础必须能承受整机的重量和运行时产生的冲击载荷，设计计算时还要考虑当地的地震和季风情况等。

基础可以是钢筋混凝土结构，也可以是钢结构，如图 8-11 所示。

在制作基础之前，一定要先计算基础承载。通常基础承载可以用以下公式计算：

$$P = n \times (G_0 + G_1)$$

式中，P——基础承载；

n——动载系数；

G_0——整机自重；

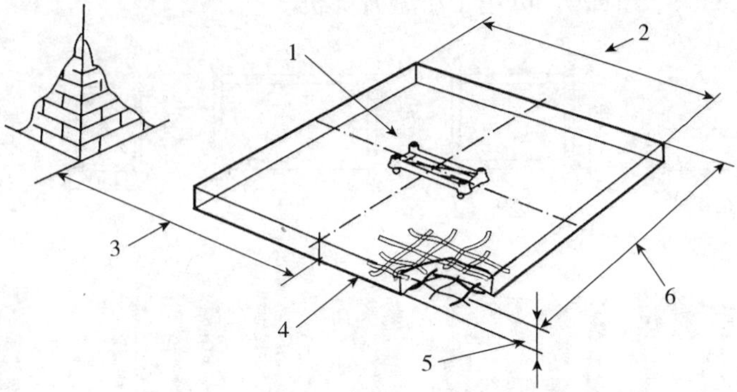

1—预埋基础座；2—基础长度；3—附墙距离；4—钢筋混凝土；
5—基础厚度；6—基础宽度。

图8-11　钢筋混凝土结构基础

G_1——载重。

整机自重可以用以下公式计算：

$$G_0 = G_2 + G_3 + G_4 + G_5$$

式中，G_0——整机自重；

G_2——吊笼重量；

G_3——外笼重量；

G_4——导轨架总重量；

G_5——电缆导向装置重量。

注：①附墙架因为固定在建筑物上，主要承力点在建筑物上，所以不包括在整机自重内。

②如果基础低于周边环境，应采取一些排水措施，以防积水。

［**例**］2008 年 1 月某建筑工地向某公司购买 1 台 SC200/200GZ 双笼施工升降机，安装高度 150 m，其基础承载计算如下：

（1）$G_1 = 2 \times 2\,000 = 4\,000$（kg）。

（2）$G_2 = 2 \times 2\,800 = 5\,600$（kg）。

（3）外笼包含前围栏、后围栏、左侧围栏、右侧围栏和底盘等。

$G_3 = 580 + 360 + 300 + 300 + 300 = 1\ 840$（kg）。

（4）该施工升降机安装高度 150 m，导轨架由 80 节 $\phi76 \times 4.5$ 标准节和 20 节 $\phi76 \times 6$ 标准节组成，其导轨架总重量（G_4）= $80 \times 150 + 20 \times 170 = 15\ 400$（kg）。

（5）电缆导向装置由电缆小车、保护架、挑线架和电缆等组成，电缆导向装置重量（G_5）= $100 + 10 \times 25 + 15 + 2.13 \times 88 + 2.65 \times 82 = 770$（kg）。

（6）若动载系数取 $n = 2$，则该施工升降机的基础承载为

$$
\begin{aligned}
P &= 2 \times (G_1 + G_2 + G_3 + G_4 + G_5) \\
&= 2 \times (4\ 000 + 5\ 600 + 1\ 840 + 15\ 400 + 770) \times 9.8 \\
&\approx 541.2(\text{kN})
\end{aligned}
$$

注：基础载荷由外笼下端的底盘传给基础，底盘与基础属于面接触。

（五）外笼

在施工升降机运行时为了确保地面工作人员的安全，每台施工升降机都配置外笼。

外笼一般由前围栏、外笼门、电源柜、侧围栏、后围栏、检修门、底盘、门支撑、缓冲弹簧、弹簧座、门配重、吊笼门锁碰铁和行程开关等组成，如图 8-12 所示。

在吊笼的外笼门和检修门上都安装有门刀锁和行程开关，如图 8-13 所示。只有当施工升降机运行至底层外笼位置时，吊笼上的开关板碰到开门刀锁后，外笼门才能打开。吊笼停止在停层站时，若此时外笼门（检修门）被打开或未完全关闭，则电气控制系统会使吊笼不能启动。当吊笼在上面运行，下面却有人强行打开外笼门或检修门时，电气控制系统则会切断吊笼电源，强迫使吊笼停止运行。

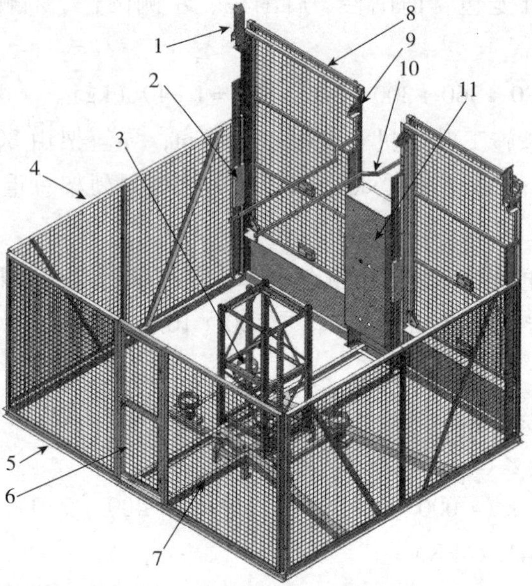

1—吊笼门锁碰铁；2—门配重；3—缓冲弹簧与弹簧座；4—侧围栏；5—后围栏；6—检修门；7—底盘；8—外笼门；9—前围栏；10—门支撑；11—电源柜。

图 8-12 双吊笼的外笼

1—门刀锁；2—开关板；3—行程开关。

图 8-13 门刀锁和行程开关

门刀与碰铁的这种门刀锁装置属于机械联锁，没有电力的情况下依然能够正常工作，而行程开关则属于电气联锁，如果主电源被切断，就不能发送信号了。

门支撑起支撑调整前围栏的作用。

（六） 附墙架

附墙架用于固定导轨架，防止导轨架水平移动，从而造成整个导轨架倾斜甚至倒塌，附墙架的安装是否正确，直接关系到导轨架的安全，特别是最顶端处的附墙架，它本身的设计应能够承受各种工况和环境因素等造成的任何载荷。

附墙架型式是根据所用施工升降机的类型和现场的具体安装状况来选用的。因为每一个安装点到导轨架的距离都不可能绝对相等，所以附墙架通常都是可以调节距离的。

附墙架与建筑物（墙体）连接通常有多种形式，如图 8-14 所示。

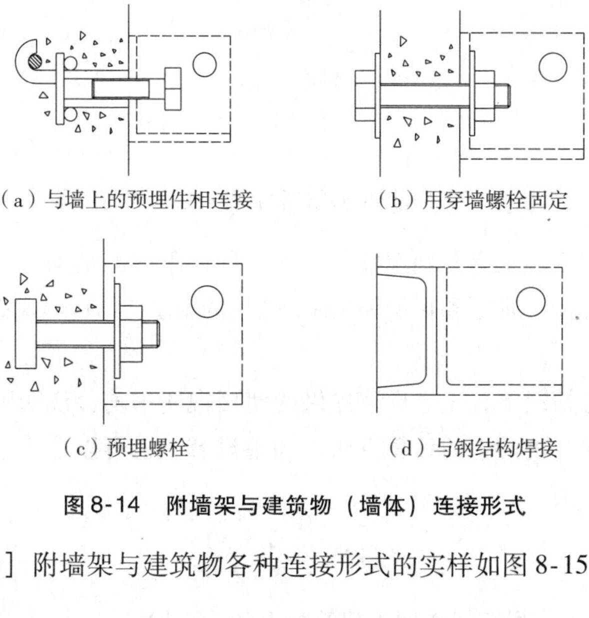

（a）与墙上的预埋件相连接　（b）用穿墙螺栓固定

（c）预埋螺栓　（d）与钢结构焊接

图 8-14　附墙架与建筑物（墙体）连接形式

［例］附墙架与建筑物各种连接形式的实样如图 8-15 所示。

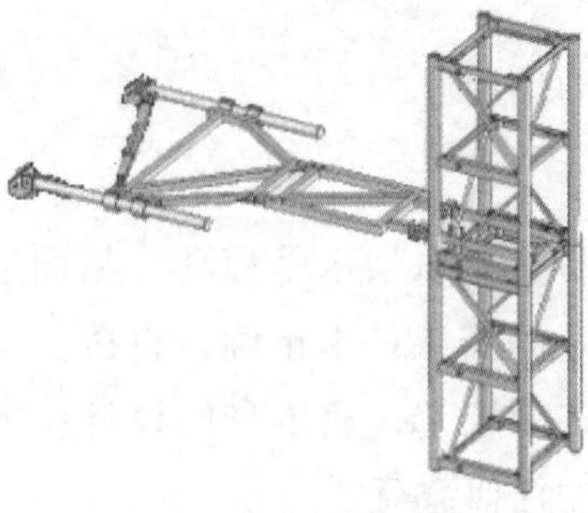

（a）与墙上的预埋件相连接

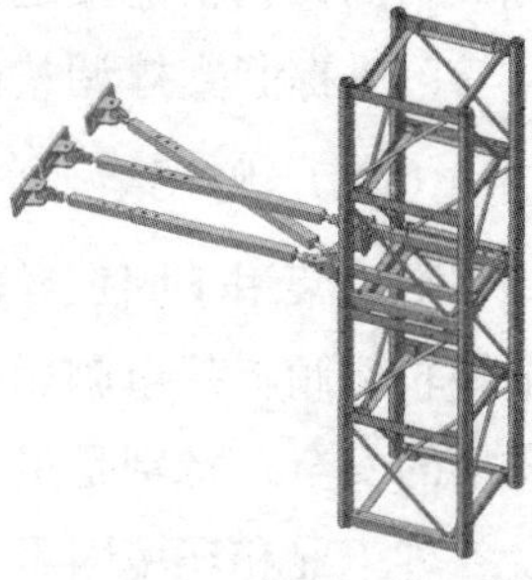

（b）用预埋螺栓固定

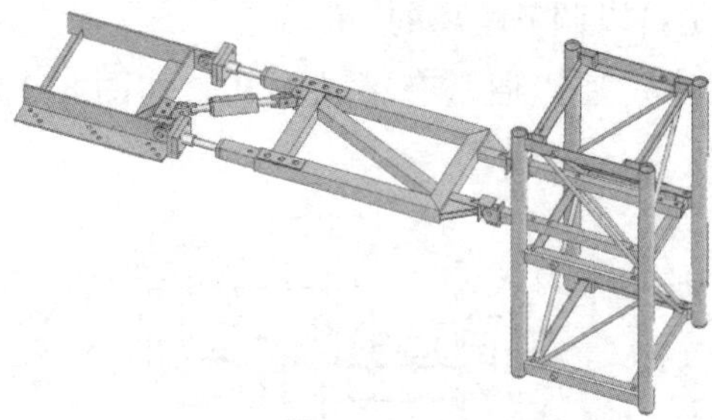

（c）与钢结构焊接

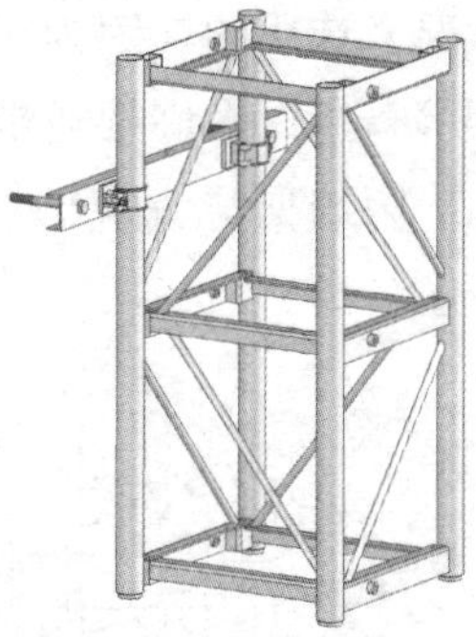

（d）用穿墙螺栓固定

图 8-15　附墙架与建筑物各种连接形式的实样

根据附墙距离和预埋件位置的不同，附墙架结构形式可分为Ⅰ型、Ⅱ型、Ⅲ型和Ⅳ型等几种，常用的附墙架结构形式如图 8-16 所示。

通常情况下，生产厂家提供的使用说明书均会说明附墙架作用于建筑物上的力的计算方法，如果没有，也可以采用下面的公式计算：

$$F(\mathrm{kN}) = \frac{L \times 60}{B \times 2.05}$$

式中，F——附墙架作用于建筑物上的力，kN；

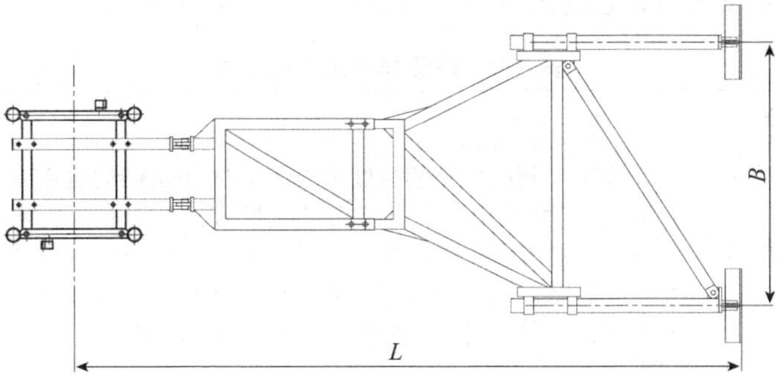

图 8-16　常用的附墙架结构形式

L——附墙距离，m；

B——附墙架与建筑物固定的两个受力点之间的距离，m。

附墙架安装的注意事项：

（1）每间隔一定距离（按规定通常是 6 ~ 10.5 m）必须安装一套附墙架；

（2）顶端悬臂高度应控制在结构允许的受力范围内；

（3）安装时必须锁紧各连接扣件、螺栓或销轴等。

（七）电缆导向装置

电缆导向装置用于接入吊笼内的电缆随线在吊笼上下运行时，不偏离电缆通道，保持在工作规定的位置，确保供给吊笼的电力正常。

电缆导向装置是施工升降机的可选配件，使用单位会根据现场环境（如导轨架安装高度）来选择合适的电缆导向装置。由于电缆是柔性体，电缆导向装置在设计时已尽量使电缆在多种极端情况下避免与施工升降机上其他部件发生碰撞、挂扯，但在日常工作中，仍要经常留意和检查它的运行情况。

电缆导向装置的形式通常有以下四种（表8-8）。

表8-8　电缆导向装置的形式

分类	说明
电缆筒	圆筒状（筒的大小和高度由安装高度和使用的电缆规格决定），电缆下端一头直接由外线接入，上端一头固定在托架上，整体卷放在筒内，当升降机向上运行时，电缆从筒内被抽出；向下运行时，电缆在自身圈绕惯性及重力的作用下自动卷入筒内。电缆筒固定在外笼底盘上
电缆小车	电缆小车主要由滚轮、框架和大滑轮组成。当升降机向上运行时，电缆带着电缆小车向上运行；升降机向下运行时，电缆小车带着电缆跟着向下运行。不管是向上运行还是向下运行，电缆都处于一种拉紧状态。电缆小车可以安装在吊笼正下方或安装在导轨架吊笼的对面
电缆滑车	电缆滑车主要由工字钢导轨、滑车架、大滑轮和导轨支撑组成。工字钢导轨固定在外笼底盘上，并支撑固定在导轨架侧面，沿着导轨架安装比导轨架一半高度高3 m。滑车架可以沿着工字钢导轨做上下运行，滑车架上装有大滑轮，电缆的穿线方法和使用情况与采用电缆小车相同。双笼时两个滑车架需要共用一条工字钢导轨
电缆滑触线	电缆滑触线主要由带电绝缘导轨、导电接触头和导轨支撑组成。带电绝缘导轨固定支撑在导轨架侧面，安装至导轨架相同高度，带电绝缘导轨下端与接入电缆连接。导电接触头固定在吊笼上，在吊笼上下运行过程中始终与带电绝缘导轨接触

（1）如图8-17所示，电缆筒的形式简单，成本低廉，会受到导轨架安装高度和升降机运行速度的限制，且环境风力对它的影响因素较大：

1）当整机安装高度过高时，电缆本身重量太大，容易拉断，一般要求安装高度不超过100 m。

2）当吊笼运行速度太快时，电缆无法顺畅回收到筒内。

图 8-17　电缆筒

3）当环境风力较大时，电缆晃动幅度也较大，可能会使电缆无法回收到筒内。

（2）电缆小车通常运行在吊笼的正下方，工作形式属于动滑轮机制，小车也是通过若干个滚轮锁定在导轨架内上下运行，如图 8-18 所示。电缆的走线方向是从外笼电源箱接入，先经导轨架内侧中心向上延伸，经导轨架高度中部左右的位置，再通过挑线架向外侧伸出，然后垂直向下绕过电缆小车的大滑轮再向上，最后通过托线架引入吊笼内电控箱。

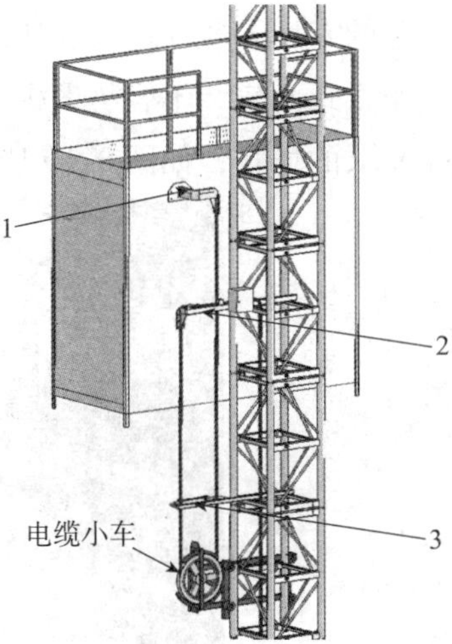

1—托线架；2—挑线架；
3—电缆保护架。

图 8-18　电缆小车

电缆小车自身没有动力，需要依靠电缆作为牵引拉动。当吊笼处于地面层时，小车紧跟在吊笼之下；当吊笼上升至中间高度时，小车大约处于 1/4 高度；当吊笼升至最高时，小车则上升到中间高度。电缆小车的运动速度正好是吊笼速度的一半。

电缆小车是目前使用最广泛的一种电缆导向装置。电缆小车可以安装在导轨架吊笼下方，也可以安装在导轨架吊笼对面。

电缆小车有以下两个主要缺点：

①牵引时受力点与小车重心不一致，运动时受力总是偏重于大滑轮侧。如果太多沙尘和油泥沾在导轨架上或小车滚轮与导轨架间隙又太小，则小车在运行时可能会发生卡阻，造成电缆被拉断。

②要求对应的外笼门槛高度相对较高，一般在 0.45 ~ 1.5 m。导致安装前做基础时，需要挖出深坑或搭建一个很陡的斜坡平台。

（3）电缆滑车：结构更复杂，成本也较高。因为滑车架是在自己的专用导轨上运行，比起电缆小车借用导轨架造成不平衡的工作方式而言，不容易发生卡阻问题。适用于环境比较恶劣等特殊要求的场合，如图 8-19 所示。

图 8-19　电缆滑车

（4）电缆滑触线的结构最复杂，安装的直线度和对接方面的要求较高，成本比较高。但是它不受电缆长度和重量的影响且导电接触头与带电绝缘导轨之间的导电面积可以做得比较大，压降比较小，所以安装高度可以相对较高。因为不需要负担电缆重量，因此吊笼负载能力比前三种电缆形式都好，如图 8-20 所示。

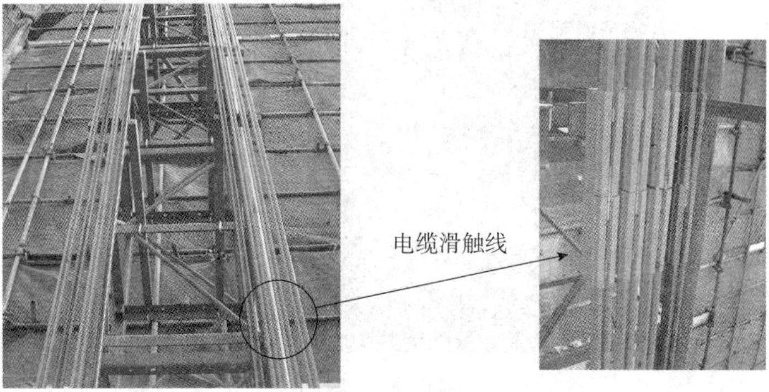

图 8-20　电缆滑触线

除电缆滑触线外，其他三种形式的电缆导向装置均要在导轨架的垂直方向上每隔 6 m 左右安装一个电缆保护架，这是为了保护电缆而设置的，如图 8-18 所示，作用是在风力影响下及吊笼上下运行时保护电缆，防止电缆与附近的设施或设备缠绕而发生危险。

（八）层门

为了确保施工升降机的安全运行和现场使用者的安全，在楼层上的每个停层位置都安装了层门，如图 8-21 所示。与普通的门不一样，层门通常具备下面几个基本特点：

（1）层门不应朝升降通道打开，否则吊笼可能会与门发生碰撞。层门关闭时应全宽度遮住升降通道开口。

（2）装载和卸载时，吊笼门边缘与层站边缘的水平距离应不大于 50 mm。正常作业时，关闭的吊笼门与关闭的层门间的水平距离应不大于 150 mm。

（3）如层站设有侧面防护装置，则侧面防护装置与吊笼或层门之间任何开口的间距应不大于 150 mm。

图 8-21　层门

（4）正常工作时

1）吊笼底板离预定层站的垂直距离在 ±0.15 m 以内时才能打开该层门，否则无法打开任何层门；

2）只有在所有层门都在关闭位置时才能启动或保持吊笼的运行，但采用再平层措施时除外。

层门结构形式可以是多种多样的，如双开门、单开门、左右推拉门和自动门等。图 8-21 是一种标准型的层门。

（九）对重系统

使用对重系统的目的是用来平衡吊笼重量。使用适当的对重可以平衡一部分吊笼重量，从而降低拖动系统（即电机、减速机和变频器等）的配置，提高升降机运行速度并提高各传动部件的寿命。在不改变电气配置的情况下，还可提高升降机的载重量。

对重系统通常包括对重、天轮、钢丝绳和带导轨的标准节等，如图 8-22 所示。

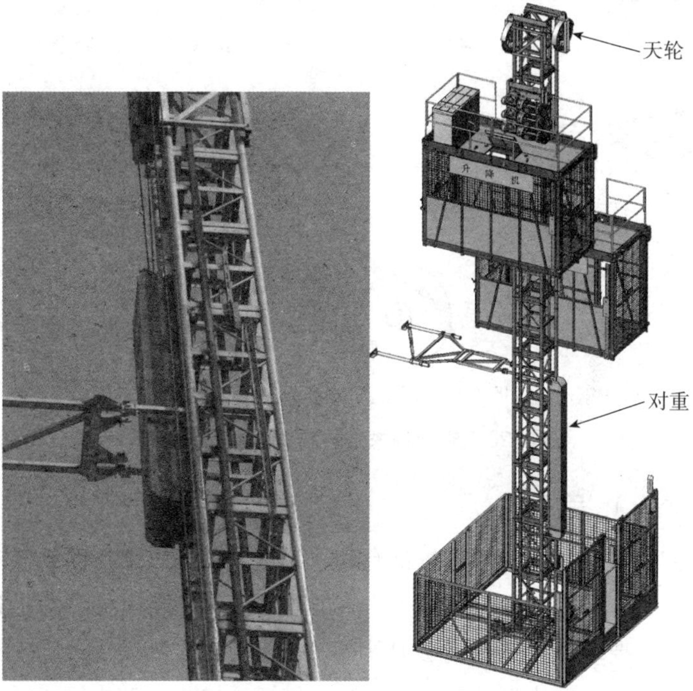

图 8-22　对重系统

采用对重系统的缺点是加高时比较麻烦，而且对重钢丝绳与齿条相比，在使用次数相同的情况下，它的使用寿命和安全系数比较低，容易发生故障，如对重出轨或钢丝绳折断。

对重所使用的钢丝绳应不少于两根，且相互独立，直径应不小于 8mm。钢丝绳末端连接（固定）的强度应不小于钢丝绳最小破断载荷的 80%。如果钢丝绳的末端固定在升降机的驱动卷筒上，则卷筒上应至少保留两圈钢丝绳。此外，钢丝绳末端应采用可靠的方法连接或固定，如图 8-23 所示，不得使用可能损害钢丝绳的末端连接装置，如 U 形螺栓钢丝绳夹。

（a）金属或树脂浇铸的接头

（b）带套环的编结接头

（c）带套环的压制接头

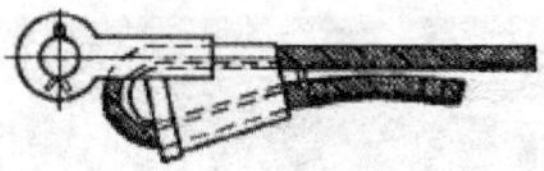

（d）楔形接头

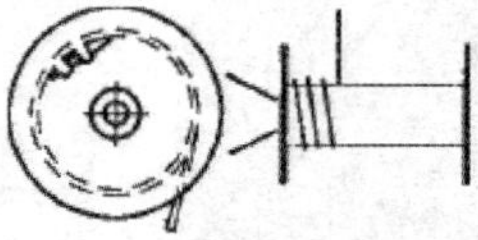

（e）钢丝绳压板（可使用钢丝绳在卷筒上有保留圈的钢丝绳固定装置）

图 8-23　钢丝绳末端连接方法和绳具示例

（十）吊杆

并不是每一个施工现场都有其他起重设备可以来帮助安装和拆卸施工升降机零部件。特别是当施工升降机安装在电梯井这类封闭空间时，要求施工升降机必须具有自安装功能，所以每台施工升降机都会自带一套小型的起重设备——吊杆，如图 8-24 所示。

图 8-24　吊杆

吊杆是吊笼的一个配件，并且可拆卸。工作时吊杆安装在吊笼顶上，在安装或拆卸时专门用来起吊标准节或附墙架等零部件，起重能力一般不大于 250 kg。吊杆不允许作其他用途。

常用吊杆分为手动吊杆和电动吊杆。

对于手动吊杆，物件的起吊和放下都需要操作人员通过摇杆人力完成。凡是人力吊杆都有制动功能，即起吊重物时往一个方向摇杆，反方向是制动的；但当下放重物时，可以转换方向摇杆且有限速制动。

二、其他辅助设备或系统

其他辅助设备或系统有自动加油系统、维修用安全卡具、自动/半自动平层与楼层呼叫系统等。

（一）自动加油系统

自动加油系统主要由加油泵、储油罐、管路分配器、油管和接油嘴等组成，用于对运动部件或易磨损部件进行自动润滑，如图 8-25 所示。

图 8-25　自动加油系统

施工升降机上需润滑的主要零部件有减速机，齿轮与齿条，限速器小齿轮和随动齿轮，安装在吊笼、传动小车和电缆小车上的滚轮，导轨架立管，门配重导向轮和滑道，对重导向轮与滑道，天轮和钢丝绳等。

需要注意的是：（1）不同部件可能所用的润滑剂不同；（2）不同部件需要的润滑剂油量不同；（3）不同部件需要加润滑剂的频率不同。

（本书后面章节将介绍详细的润滑知识。）

（二） 维修用安全卡具

当需要在吊笼下方进行故障检修时，应将升降机提升至离安装面约 1.8 m 高位置，同时为了确保安全，要用一些卡具或支撑将升降机固定在导轨架上。

（三） 自动/半自动平层与楼层呼叫系统

在每个楼层上应当安装呼叫（或召唤）器，它是通过一种无线电发射器，将信息发送到吊笼内的接收头，当楼层上有人按钮时，吊笼内的接收显示器上会有楼层数的显示、语音播报或响铃（如图 8-26 所示）。

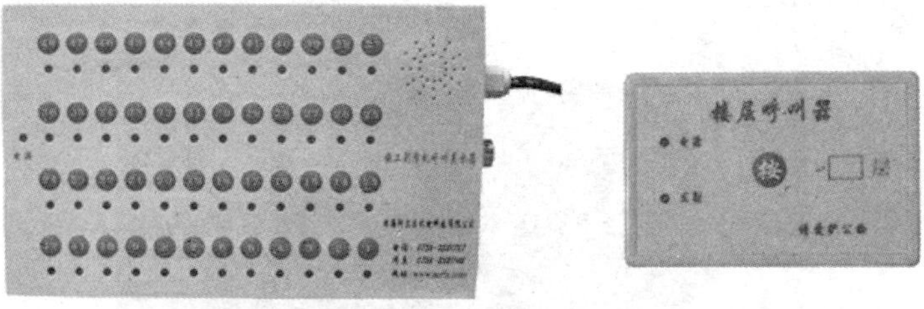

（a）接收显示器　　（b）呼叫器

图 8-26　楼层呼叫系统

楼层按钮通常为恒压式，且楼内主机发出的语音播报或响铃和其他警铃发出的声响不同。

自动平层系统同室内电梯相似，在吊笼内有一个操作键盘或触摸屏（比较便于参数的设置和调整）。当输入楼层层数后，再按一下“启动”，施工升降机会自动运行至所选楼层。半自动平层系统是指输入楼层层数后，手动控制运行按钮或手柄（恒压），运行至所选楼层时，施工升降机会自动停层。

平层系统通常包括可编程控制器（PLC）、旋转编码器或脉冲编码器、触摸屏或操作键盘等。原理是通过旋转编码器记录齿轮或齿牙数来控制平层，或者是用封闭式脉冲编码器连接电机，通过测电机脉冲控制平层准确度。

第九章　施工升降机的安全装置

第一节　防坠安全器的构造与坠落试验

一、防坠安全器

（一）防坠安全器的分类及特点

防坠安全器是非电气、气动和手动控制的防止吊笼或对重坠落的机械式安全保护装置，如图 9-1 所示。防坠安全器是一种非人为控制的，当吊笼或对重一旦出现失速、坠落情况时，能在设置的距离、速度内使吊笼安全停止。防坠安全器按其制动特点可分为渐进式和瞬时式两种。

1. 渐进式防坠安全器

渐进式防坠安全器是一种初始制动力（或力矩）可调，制动过程中制动力（或力矩）逐渐增大的防坠安全器。其特点是制动距离较长、制动平稳、冲击力小。

2. 瞬时式防坠安全器

瞬时式防坠安全器是初始制动力（或力矩）不可调，瞬间即可将吊笼或对重制停的防坠安全器。其特点是制动距离较短、制动不平稳、冲击力大。

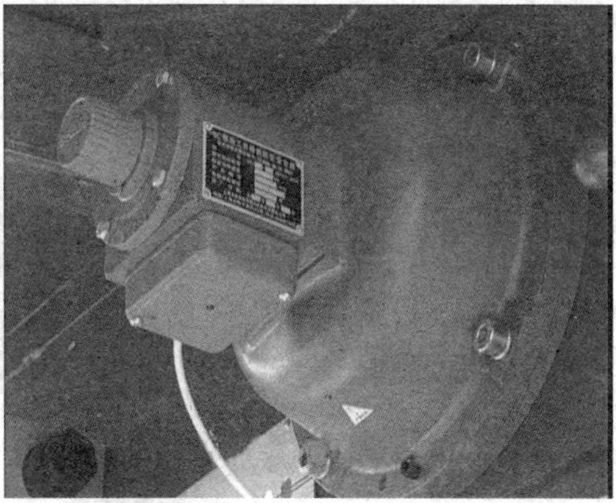

图 9-1　防坠安全器

（二）渐进式防坠安全器

普通施工升降机常用的渐进式防坠安全器的全称为齿轮锥鼓形渐进式防坠安全器，简称安全器。

1. 渐进式防坠安全器的使用条件

（1）SC 型施工升降机：SC 型施工升降机应采用渐进式防坠安全器，不能采用瞬时式防坠安全器。当施工升降机对重质量大于吊笼质量时，还应加设对重防坠安全器。

（2）SS 型人货两用施工升降机：对于 SS 型人货两用施工升降机，其吊笼额定提升速度大于 0.63 m/s 时，应采用渐进式防坠安全器。

2. 渐进式防坠安全器的构造

渐进式防坠安全器主要由齿轮、离心式限速装置、锥毂形制动装置等组成。离心式限速装置主要由离心块座、离心块、调速弹簧、螺杆等组成；锥毂形制动装置主要由壳体、摩擦片、外锥体加力螺母、蝶形弹簧等组成。安全器结构如图 9-2 所示。

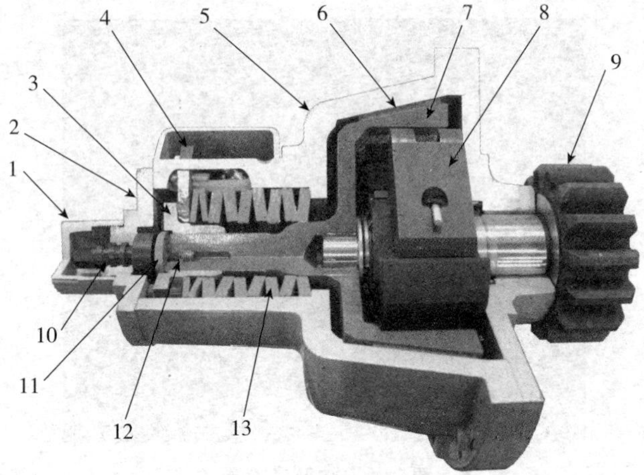

1—罩盖；2—端盖；3—铜螺母；4—限位开关；5—外壳；6—摩擦片；7—锥毂；8—离心制动块；9—齿轮；10—卸载螺栓；11—防尘盖；12—防尘盖定位螺栓；13—蝶形弹簧。

图 9-2　安全器结构

3. 渐进式防坠安全器的工作原理

安全器安装在施工升降机吊笼的传动底板上，一端的齿轮啮合在导轨架的齿条上，如图 9-3 所示。当吊笼在正常运行时齿轮轴带动离心块座、离心块、调速弹簧和螺杆等组件一起转动，安全器就不会动作。当吊笼瞬时超速下降或坠落时，离心块在离心力的作用下压缩调速弹簧并向外甩出，其三角形的头部卡住外锥体的凸台，然后就带动外锥体一起转动。此时外锥体尾部的外螺纹在加力螺母内转动，由于加力螺母被固定住，故外锥体只能向后方移动，这样使外锥体的外锥面紧紧地压向胶合在壳体上的摩擦片，当阻力达到一定量时就会使吊笼制停。

4. 渐进式防坠安全器的主要技术参数

（1）额定制动载荷

额定制动载荷是指安全器可有效制动停止的最大荷载，目前

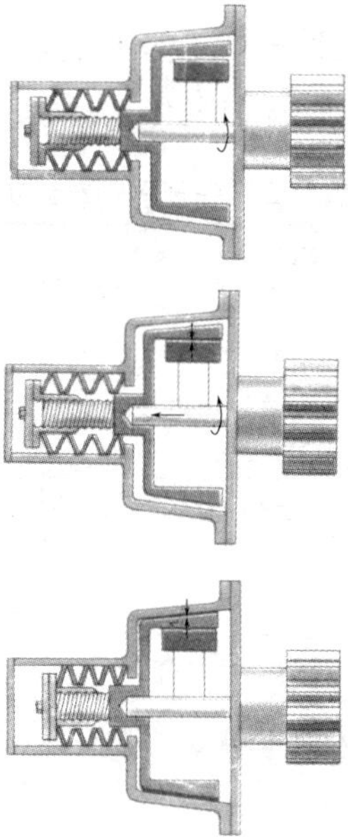

图 9-3　安全器的工作原理

标准规定为 20 kN、30 kN、40 kN、60 kN 四档。SC100/100 型和 SCD200/200 型施工升降机上配备的安全器的额定制动载荷一般为 30 kN。SC200/200 型施工升降机上配备的安全器的额定制动载荷一般为 40 kN。

（2）标定动作速度

标定动作速度是指按所要限定的防护目标运行速度而调定的安全器开始动作时的速度。具体见表 9-1。

表 9-1　安全器标定动作速度

施工升降机额定提升速度 v/(m/s)	安全器标定动作速度 v/(m/s)
v	$\leq v+0.40$

（3）制动距离

制动距离指从安全器开始动作到吊笼被制动停止时，吊笼所移动的距离。制动距离应符合表9-2的规定。

表9-2　安全器制动距离

施工升降机额定提升速度 v/(m/s)	安全器制动距离/m
$v \leq 0.65$	0.10～1.40
$0.65 < v \leq 1.00$	0.20～1.60
$1.00 < v \leq 1.33$	0.30～1.80
$1.33 < v \leq 2.40$	0.40～2.00

二、防坠安全器的安全技术要求

（1）防坠安全器必须进行定期检验标定，定期检验应由具有相应资质的单位进行。

（2）防坠安全器只能在有效的标定期内使用，有效检验标定期限不应超过1年。防坠安全器使用寿命为5年。

（3）施工升降机每次安装后，必须进行额定载荷的坠落试验，以后至少每3个月进行一次额定载荷的坠落试验。试验时，吊笼不允许载人。

（4）防坠安全器出厂后，动作速度不得随意调整。

（5）SC型施工升降机使用的防坠安全器安装时透气孔应向下，紧固螺孔不能出现裂纹，安全开关的控制接线完好。

（6）防坠安全器动作后，需要由专业人员实施复位，使施工升降机恢复到正常工作状态。

（7）防坠安全器在任何时候都应该起作用，包括安装和拆卸工况。

（8）防坠安全器不应由电动、液压或气动操纵的装置触发。

（9）一旦防坠安全器被触发，正常控制下的吊笼运行应由电气安全装置自动中止。

第二节　超载检测装置

超载检测装置是用于防止施工升降机超载运行的安全装置，如图 9-4 所示。当吊笼内载荷超过额定载重量 10% 时，超载检测装置在吊笼内应给出清晰的信号，并阻止其正常启动。常用的超载检测装置有电子传感器式、弹簧式和拉力环式三种。

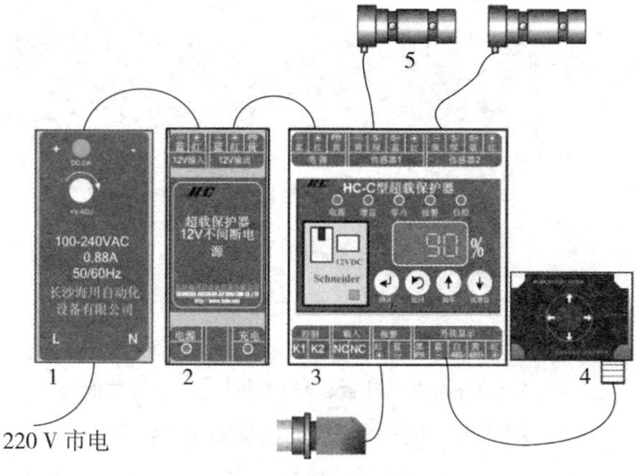

1—标准电源；2—不间断电源；3—主机；4—红外发射器；5—传感器。

图 9-4　超载检测装置

（1）电子传感器式超载检测装置

图 9-5 为施工升降机常用的电子传感器式超载检测装置。它的工作原理：当重量传感器得到吊笼内载荷变化而产生的微弱信号，输入放大器后，经 A/D 转换成数字信号，再将信号送到微处理器进行处理，其结果与所设定的动作点进行比较，如果通过所

设定的动作点，则继电器分别工作。当载荷达到额定载荷的90%时，警示灯闪烁，报警器发出断续声响；当载荷接近或达到额定载荷的110%时，报警器发出连续声响，此时吊笼不能启动。检测装置由于采用了数字显示方式，即可实时显示吊笼内的载荷值变化情况，还能及时发现超载报警点的偏离情况，及时进行调整。

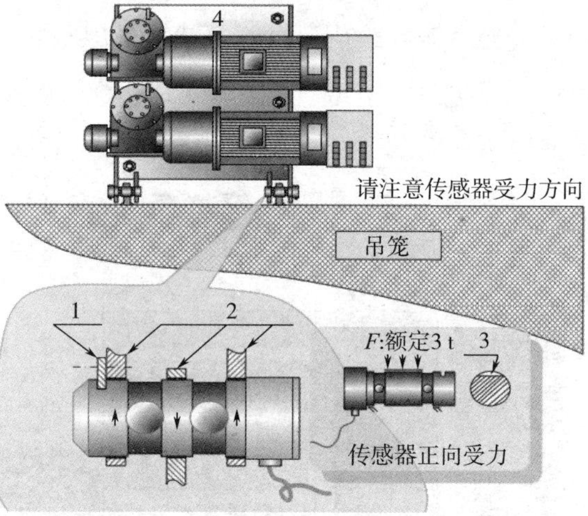

1—固定卡板；2—耳板；3—卡板槽；4—传动板。

图 9-5　电子传感器式超载检测装置

（2）弹簧式超载检测装置

弹簧式超载检测装置安装在地面转向滑轮上，主要用于钢丝绳式施工升降机中。图 9-6 为弹簧式超载检测装置。该超载检测装置由钢丝绳、地面转向滑轮、支架、弹簧和行程开关组成。当载荷达到额定载荷的110%时，行程开关被压动，断开控制电路，使施工升降机停机，起到超载保护作用。其特点是结构简单、成本低，但可靠性较差，易产生误动作。

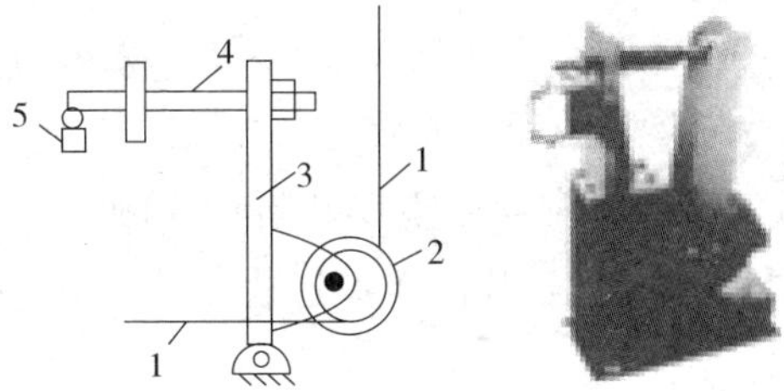

1—钢丝绳；2—地面转向滑轮；3—支架；4—弹簧；5—行程开关。

图 9-6　弹簧式超载检测装置

（3）拉力环式超载检测装置

图 9-7 为拉力环式超载检测装置结构。该超载检测装置由弹簧钢片、微动开关和触发螺钉组成。

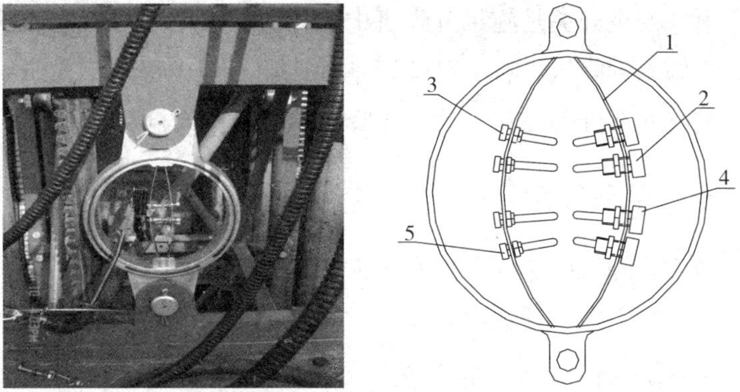

1—弹簧钢片；2—微动开关；3—触发螺钉；4—微动开关；5—触发螺钉。

图 9-7　拉力环式超载检测装置

使用时将两端串入施工升降机吊笼与传动板或提升钢丝绳中，当受到吊笼载荷重力时，拉力环会立即变形，两块弹簧钢片会立即向中间挤压，带动装在上面的微动开关和触发螺钉，当受力达到报警限制值时，其中一个开关动作；当拉力环受力继续增大，达到调节的超载限制值时，另一个开关也动作，断开电源，吊笼不能启动。

（4）超载检测装置的安全要求

1）超载检测装置的显示器要防止淋雨受潮。

2）在安装、拆卸、使用和维护过程中应避免对超载检测装置的冲击、振动。

3）使用前应对超载检测装置进行调整，使用中发现设定的限制值出现偏差，应及时进行调整。

第三节　电气安全开关

电气安全开关是施工升降机中使用比较多的一种安全防护开关。当施工升降机没有满足运行条件或在运行中出现不安全状况时，电气安全开关动作，施工升降机不能启动或自动停止运行。

一、电气安全开关的种类

施工升降机的电气安全开关大致可分为行程安全控制开关和安全装置联锁控制开关两大类。

（一）行程安全控制开关

行程安全控制开关，是指当施工升降机的吊笼超越了允许运动的范围时，能自动停止吊笼的运行的开关，如图 9-8 所示。行程安全控制开关主要有上、下行程限位开关、减速开关和极限开关。

1. 上、下行程限位开关

上、下行程限位开关安装在吊笼安全器底板上，当吊笼运行至上、下限位位置时，限位开关与导轨架上的限位挡板碰触，吊

（a）普通底板　（b）中高速底板

（c）上限位开关挡板　（d）下限位开关挡板

1—上减速限位开关；2—下限位开关；3—上限位开关；4—安全器；
5—下减速限位开关；6—极限开关。

图9-8　行程安全控制开关

笼停止运行，当吊笼反方向运行时，限位开关自动复位。

2. 减速开关

中高速施工升降机应设置减速开关，当吊笼下降时在触发下限位开关前，应先触发减速开关，使施工升降机提前减速运行，以避免吊笼下降时冲击底座。

3. 极限开关

施工升降机必须设置极限开关。当吊笼在运行时如果上、下限位开关出现失效，超出限位挡板并越程后，极限开关须切断总电源使吊笼停止运行。极限开关应为非自动复位型的开关，其动作后必须手动复位才能使吊笼重新启动。在正常工作状态下，下极限开关挡板的安装位置，应保证吊笼碰到缓冲器之前，极限开关首先动作。

注：当施工升降机运行至顶端，为防止因某种原因限位开关和极限开关都失效而导致冲顶，一般都采用自动越程保护措施，即可在导轨架顶端设计安装行程开关或接近开关来防止冲顶。该装置多用于带自动平层系统的升降机。对于建筑施工中广泛使用的普通施工升降机，常采用导轨架最高节（顶节）不安装齿条的措施来防止冲顶。

（二） 安全装置联锁控制开关

安全装置联锁控制开关，是指当施工升降机出现不安全状态，触发安全装置动作后，能及时切断电源或控制电路，使电动机停止运转的开关。该类电气安全开关主要有防坠安全器安全开关、防松绳开关和门安全控制开关等。

1. 防坠安全器安全开关

防坠安全器动作时，设在安全器上的开关能立即将电动机的电路断开，制动器制动。

2. 防松绳开关

（1）施工升降机的对重钢丝绳绳数为两条时，钢丝绳组与吊笼连接的一端应设置张力均衡装置，并装有由相对伸长量控制的非自动复位型的防松绳开关。当其中一条钢丝绳出现的相对伸长量超过允许值或断绳时，该开关将切断控制电路，同时制动器制动，使吊笼停止运行。

（2）对重钢丝绳采用单根钢丝绳时，也应设置防松（断）绳开关，当施工升降机出现松绳或断绳时，该开关应立即切断电机控制电路，同时制动器制动，使吊笼停止运行，如图9-9所示。该图示为其中一种钢丝绳保护装置。

图9-9　钢丝绳断绳保护装置

3. 门安全控制开关

门安全控制开关的作用：当施工升降机的各类门没有关闭时，施工升降机就不能启动；而当施工升降机在运行中把门打开时，施工升降机吊笼就会自动停止运行。安装该类电气安全开关的门主要有单开门、双开门、笼顶安全门、围栏门等。

二、电气安全开关的安全技术要求

（1）电气安全开关必须安装牢固，不能松动。

（2）电气安全开关应完整、完好，紧固螺栓应齐全，不能缺少或松动。

（3）电气安全开关的臂杆不能歪曲变形，防止安全开关失效。

（4）每班都要检查极限开关的有效性，防止极限开关失效。

（5）严禁用触发上、下限位开关来作为吊笼在最高层站和地面站停站的操作。

第四节　其他安全装置

一、机械门锁

施工升降机的吊笼门、顶盖门、地面防护围栏门都装有机械和电气联锁装置，各个门未关闭或关闭不严，电气安全开关将不能闭合，吊笼不能启动工作；吊笼运行中，一旦门被打开，吊笼的控制电路也将被切断，吊笼停止运行。

1. 围栏门的机械联锁装置

（1）围栏门的机械联锁装置的作用

围栏门应装有机械联锁装置，使吊笼只有位于地面规定的位置时围栏门才能开启，且在门开启后吊笼不能启动。目的是防止在吊笼离开基础平台后，人员误入基础平台造成事故。

（2）围栏门的机械联锁装置的结构

围栏门的机械联锁装置的结构，如图 9-10 所示。它由机械锁钩、压簧、销轴和支座组成。整个装置由支座 4 安装在围栏门框上。当吊笼停靠在基础平台上时，吊笼上的开门挡板压着机械锁钩的尾部，机械锁钩就离开围栏门，此时围栏门才能打开，而当围栏门打开时，电气安全开关作用，吊笼就不能启动；当吊笼运行离开基础平台时，机械锁钩在压簧的作用下钩扣住围栏门，围栏门就不能打开；如强行打开围栏门，吊笼就会立即停止运行。

2. 吊笼门的机械联锁装置

吊笼设有进料门和出料门，进料门一般为单开门，出料门一般为双开门，进出门均设有机械联锁装置，当吊笼位于地面规定的位置和停层位置时，吊笼门才能开启。进出门完全关闭后，吊

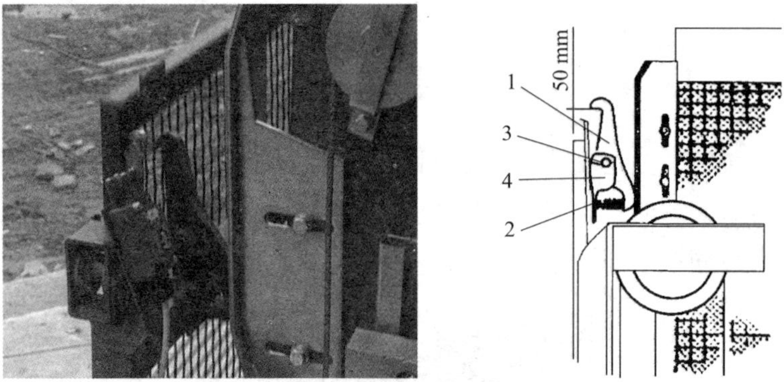

（a）　　　　（b）

1—机械锁钩；2—压簧；3—销轴；4—支座。

图 9-10　围栏门的机械联锁装置

笼才能启动运行。

图 9-11 为吊笼进料门机械联锁装置，由门上的挡块、门框上的机械锁钩、压簧、销轴和支座组成。当吊笼下降到地面时，施工升降机围栏上的开门压板压着机械锁钩的尾部，同时机械锁钩会离开门上的挡块，此时门才能开启。当门关闭吊笼离地后，吊笼门框上的机械锁钩在压簧的作用下嵌入门上的挡块缺口内，吊笼门被锁住。图 9-12 为吊笼出料门的机械联锁装置构造。

图 9-11　单开门机械联锁装置

图 9-12　双开门机械联锁装置

二、缓冲装置

1. 缓冲装置的作用

缓冲装置是安装在施工升降机底架上，用以吸收下降的吊笼或对重的动能，起到缓冲作用。施工升降机的缓冲装置主要使用弹簧缓冲器，如图 9-13 所示。

图 9-13　缓冲装置

2. 缓冲装置的安全要求

（1）每个吊笼设 2 ~ 3 个缓冲器；对重设 1 个缓冲器。同一组缓冲器的顶面相对高度差不应超过 2 mm。

（2）缓冲器中心与吊笼底梁或对重相应中心的偏移不应超过 20 mm。

（3）经常清理基础上的垃圾和杂物，防止杂物堆在缓冲器上，使缓冲器失效。

（4）应定期检查缓冲器的弹簧，发现锈蚀严重超标的要及时更换。

三、安全钩

1. 安全钩的作用

安全钩是防止吊笼倾翻的挡块。其作用是防止吊笼脱离导轨架或防坠安全器输出端齿轮脱离齿条，如图 9-14 所示。

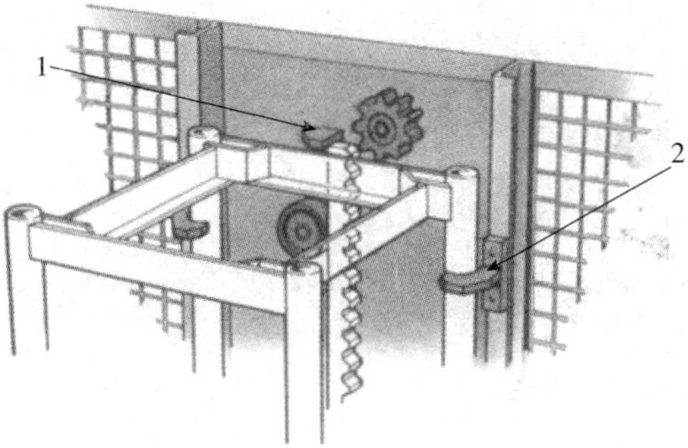

1—齿条挡块；2—安全钩。

图 9-14　安全钩和齿条挡块

2. 安全钩的基本构造

安全钩一般有整体浇铸和钢板加工两种。其结构分底板和钩体两部分，底板由螺栓固定在施工升降机吊笼的立柱上。

3. 安全钩的安全要求

（1）安全钩必须成对设置，在吊笼立柱上一般安装上下两组安全钩，安装应牢固。

（2）上面一组安全钩的安装位置必须低于最下方的驱动齿轮。

（3）安全钩出现焊缝开裂、变形时，应及时更换。

四、齿条挡块

为避免施工升降机在运行或吊笼下坠时，防坠安全器的齿轮与齿条啮合分离，施工升降机应采用齿条背轮和齿条挡块。当齿条背轮失效后，齿条挡块就成为最终的防护装置。

第十章　施工升降机的安装与拆卸

第一节　施工升降机安装、拆卸的安全操作规程

（1）必须对所使用的辅助起重设备和工具的性能及安全操作规程有全面了解，并认真进行检查，合格后方准使用。

（2）在安装、拆卸作业前，应认真阅读使用说明书和安装、拆卸方案，熟悉装拆工艺和程序，掌握零部件的重量和吊点位置。作业过程中严禁擅自改动安装、拆卸程序。

（3）施工升降机安装、拆卸作业必须在指定的专门指挥人员的指挥下作业，其他人不得发出指挥信号。当视线阻隔和距离过远等致使指挥信号传递困难时，应采用对讲机或多级指挥等有效的措施进行指挥。

（4）在进入工作现场时，必须佩戴安全帽。高处作业时必须穿防滑鞋、系安全带。

（5）严禁作业人员酒后作业。

（6）对各个安装部件的连接件，必须按规定安装齐全、固定牢固，并在安装后做详细检查。高强度螺栓的安装必须使用力矩扳手或专用扳手，以达到使用说明书要求的力矩要求，且安装高强度螺栓时应由下往上安装，避免造成安全隐患。

（7）安装作业时严禁以投掷的方法传递工具和器材。

（8）吊笼顶上所有的安装零件和工具，必须放置平稳，禁止露出安全防护栏外。

（9）安装、拆卸时不要倚靠在吊笼顶安全护栏上，防止施工升降机启动时出现危险。

（10）加节顶升时，必须在吊笼顶部操纵，不允许在吊笼内操作。

（11）加节顶升到规定高度后，必须安装附墙架后方可继续加节。在拆卸导轨架过程中，不允许提前拆卸附墙架。

（12）利用吊杆进行拆装作业时，严禁超载。吊杆上有悬挂物时，不准开动吊笼。

（13）当有人在导轨架或附墙架上作业时，严禁吊笼升降。

（14）进行安全器坠落试验时，吊笼内不允许载人。

（15）安装结束后，吊笼上所有零件或工具必须全部清理，并清扫传动、啮合部分的杂物及垃圾。

第二节　施工升降机的安装步骤

施工升降机的安装程序通常有以下步骤：

（1）安装前的安全培训（安全操作规程）。

（2）安装前的准备工作。

（3）基础制作与预埋。

（4）底架、标准节（底部6节）安装。

（5）外笼安装。

（6）吊笼、笼顶安全围栏、传动机构安装。

（7）电控系统安装。

（8）电力驱动升降试车。

（9）安装第一道附墙架。

（10）导轨架加高安装。

（11）附墙架安装。

（12）电缆导向装置安装。

（13）层门安装。

（14）安装完毕后进行整机调试。

第三节　安装前的安全培训、安全技术交底

除取得相关安装资格证的人员外，任何人不得从事施工升降机的安装、拆卸工作。安装、拆卸人员对所安装、拆卸的对象，在具备条件的情况下，应首先取得该机的《安装使用说明书》或《零件图册》，进行必要的阅读。

一、安全培训

为确保施工升降机的安装安全、顺利，应特别注意安装前的安全培训（安全操作规程）。

（1）安装的场地应清理干净，并用标志杆围起来，禁止非工作人员入内。

（2）安装过程中必须有专人负责统一指挥。

（3）安装作业人员应按高处作业的安全要求，包括必须佩戴安全帽，系安全带，穿防滑鞋等，不要穿过于宽松的衣物，应穿工作服，以免被卷入运行部件中，发生安全事故。

（4）升降机运行时，人员的头、手绝不能露出安全围栏外。

（5）吊笼上的零部件必须放置平稳，不得露出安全围栏外。

（6）如果有人在导轨架上或附墙架上工作时，绝对不允许开动升降机，当吊笼运行时严禁进入外笼内。

（7）安装或拆卸过程中，必须在笼顶操作，不允许在笼内操作。

（8）利用吊杆进行安装时，不允许超载，吊杆只可用来安装升降机零部件，不得用于其他用途。

（9）吊杆上有悬挂物时，不得开动吊笼。

（10）安装运行时，绝对不允许超过额定安装载重量。

（11）严禁夜间或酒后进行安装作业。

（12）施工升降机运行前，将接地装置与金属结构连通，接地电阻应不大于4 Ω。

（13）吊笼启动前应先进行全面检查，确保升降机运行通道无障碍，消除所有安全隐患。

（14）安装过程切勿忘记拧紧标准节及附墙架的连接螺栓。

（15）每安装一次附墙架必须按规定要求检测并调整导轨架的垂直度。

（16）安装及加高完毕后立即对导轨架等部位进行润滑。

（17）为了防止施工升降机在安装、使用及拆卸期间遭上方物体打击，在施工升降机顶部安装隔离设施，采用两层钢板网。

（18）当遇大雨、大雪、大雾或风速大于13 m/s等恶劣天气时，应停止安装作业。

（19）施工升降机安装作业前，安装单位应编制施工升降机安装、拆卸工程专项施工方案，由安装单位技术负责人批准后，报送施工总承包单位或使用单位、监理单位审核，并告知工程所在地县级以上建设行政主管部门。

（20）施工升降机安装、拆卸工程专项施工方案应根据使用说明书的要求、作业场地及周边环境的实际情况、施工升降机使用要求等编制。当安装、拆卸过程中专项施工方案发生变更时，应按程序更新对方案进行审批，未经审批不得继续进行安装、拆卸作业。

（21）施工升降机安装、拆卸工程专项施工方案应包括以下主要内容：

1）工程概况；

2）编制依据；

3）作业人员组织和职责；

4）施工升降机安装位置平面、立体图和安装作业范围平面图；

5）施工升降机技术参数、主要零部件外形尺寸和重量；

6）辅助起重设备的种类、型号、性能及位置安排；

7）吊索具的配置、安装与拆卸工具及仪器；

8）安装、拆卸步骤与方法；

9）安全技术措施；

10）安全应急预案。

（22）施工升降机安装前应对各部件进行检查。对有可见裂纹的构件应进行修复或更换，对有严重锈蚀、严重磨损、整体或局部变形的构件必须进行更换，符合产品标准的有关规定后方能进行安装。

（23）安装作业前，应对辅助起重设备和其他安装辅助用具的机械性能和安全性能进行检查，合格后方能投入作业。

（24）安装作业前，安装技术人员应根据施工升降机安装、拆卸工程专项施工方案和使用说明书的要求，对安装作业人员进行安全技术交底，并由安装作业人员在交底书上签字，在施工期间内，交底书应留存备查。

二、施工升降机安装（拆卸）安全技术交底

安全技术交底的要求如表 10-1 所示。

表 10-1　施工升降机安装（拆卸）安全技术交底

施工单位：

工程名称		分部分项工　　程		工种	

一、进入施工现场必须遵守安全操作规程和安全生产纪律，安装拆卸工人必须取得省级建设主管部门颁发的建筑施工特种作业人员操作证书，方可上岗。

二、安装与拆卸作业安全要求

（一）施工升降机导轨架的纵向中心至建筑物外墙的距离，应按照说明书并视现场的施工条件确定，优先选择较小安全距离，以利整机的稳定。基础承载力一般应不小于 150 kN/m^2，可用 C20 混凝土浇筑。地基上表面平整度允许偏差为 10 mm，并应有排水设施。

（二）应保证升降机的整体稳定性，升降机导轨架的纵向中心线至建筑物外墙面的距离宜选用较小的安装尺寸。

（三）导轨架安装时，应用经纬仪对升降机在两个方向进行测量校准，其垂直度允许偏差符合 GB 10055—2007 规定。

（四）安装和拆卸过程中，要有专人统一指挥，并熟识图纸、安装程序及检查要点。

（五）装上两节标准节后，要在其两个方面调整垂直度，并把对重、吊笼就位。

（六）调试吊笼。调试导向滚轮与导轨间隙，以施工升降机不能自动下滑为限，并在离地面 10 m 高度以内，做上下运行试验。

（七）随导轨架的升高，必须按规定进行附墙连接，第一道附墙架距地面应为 10 m 左右，以后每隔 6 m（按说明书规定）做一道附墙连接，连接件必须紧固，随紧固随调整导轨架的垂直度。顶部悬臂高度不得超过说明书规定的高度。

（八）在导轨架加节安装时，吊笼内可以载两个安装工人和安装工具进行使用，因此时尚未安装上限位开关，所以必须控制吊笼的上滚轮升至离齿条顶端 50 cm 处。另外因吊笼处于无配重运行，工作时，还必须用钢丝绳做保险，把吊笼顶部与钢丝绳牢固连接在导轨架上。向下运行时，

续表

应靠吊笼自重分段逐节下滑，每下滑一个标准节，停车一次，以免超速刹车发热。 （九）导轨架接至全高后，装上天轮组，将吊笼升高到离天轮 1.5 m 左右，钢丝绳绕过天轮其下端与对重用卡子（绳夹）固定。当配重碰到下面缓冲弹簧时，吊笼顶离天轮架的距离应不少于 300 mm。 （十）升降机安装完毕，应进行自检，并经有相应资质的检验检测机构监督检验合格，由使用、出租、安装、监理等有关单位验收合格后，方可投入运行。 （十一）升降机的防坠安全器，在使用中不得任意拆检调整，需要拆检调整或每满 1 年时，由指定的认可单位进行调整，检修和检测。 （十二）新安装或转移工地重新安装以及经过大修后的升降机，在投入使用前，必须经过坠落试验。升降机在使用中每隔 3 个月，应进行一次坠落试验。试验程序应按说明书规定进行，当试验中吊笼坠落超过使用说明书所标定的制动距离时，应查明原因，并正确地调整防坠安全器，切实保证不超过标定的制动距离。试验后以及正常操作中每发生一次防坠动作，均必须对防坠安全器进行复位。 （十三）在拆除对重之前，必须对升降机及附墙架制动器的间隙、主传动机构的运行进行检查，确认正常后，方可拆除。 （十四）吊笼升至柱顶，使平衡铁落地，然后再点动慢慢上升 50 cm 左右，吊笼不发生下滑即可开始按顺序拆除。

第四节　安装前的准备工作

（1）施工升降机专用电箱应直接从工地变电室引入电源，距离不应超过 20 m。用一根横截面积大于 25 mm^2 的铜线电缆连接，配备独立控制开关。要注意供电熔断器的电流大小。

（2）根据要求在施工升降机的安装位置浇筑钢筋混凝土基础，并埋设基础座预埋件。

（3）预先制订附墙架连接方案，并根据附墙件的具体位置将预埋件埋设于建筑物上。

（4）根据楼层需要另设站台附件，如过桥板、安全围栏等。

（5）施工升降机的底部设置保护接地装置，接地电阻应不大于4 Ω。

（6）准备一些2～12 mm厚的钢垫片，用于垫入底盘，调整导轨架的垂直度。

（7）除了随机配备的专用工具外，应另行准备一套必要的安装工具及测量工具，如图10-1所示。

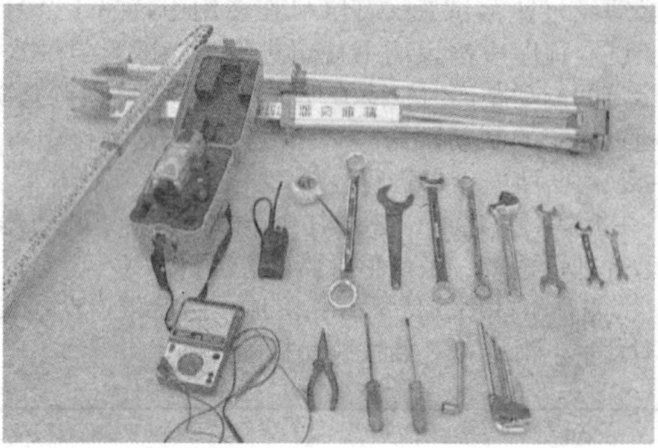

图10-1　安装工具和测量工具

第五节　基础的制作与预埋

任何型号的施工升降机的基础都有相应的要求，必须严格按照其制定的要求制作。基础地面必须平整，且能够承受设定的负载，如图10-2所示［负载计算见第八章第二节一（四）基础］。

图 10-2　施工升降机基础

第六节　底架、标准节（底部 6 节）安装

（1）将底架运至安装位置，注意确定安装位置和方向。

（2）将第一节标准节两端管子接头处及齿条销子处擦拭干净，并加少量润滑脂。把标准节运至井道内（带锥套的一端向下），对准底架连接管放稳。注意齿条方向。

（3）用螺栓将第一节标准节紧固在底架上，螺栓拧紧力通常为 300 ~ 350 N · m，具体参考厂家的安装说明。

（4）用预先准备的钢垫片调平底架平面，用螺栓紧固在基础座预埋件上，如图 10-3 所示。调平时必须用水准仪或者经纬仪测量，绝对不能目测了事。

（5）把其他 5 节标准节在地面上连成一组，利用现场的起重设备安装，然后吊装到第一节标准节上面，并用螺栓紧固，螺栓拧紧力为 300 N · m，如图 10-4 所示。

图 10-3　调平底架

图 10-4　安装标准节

第七节　外笼安装

（1）依次安装外笼的左侧围栏、后围栏、右侧围栏、前围栏、电源柜、门支撑、弹簧座和缓冲弹簧，用螺栓将各部件连接起来，如本书第八章图 8-12 所示。弹簧座必须用螺栓连接在底盘上。

（2）调整外笼各围栏的垂直度。

（3）调整外笼门，确保外笼门开启灵活顺畅。

（4）安装门碰铁、门限位开关。

第八节　吊笼、笼顶安全围栏、传动机构安装

（1）用起重设备将吊笼吊起就位，如图 10-5 所示。

图 10-5　将吊笼吊起就位

（2）安装笼顶安全围栏。

（3）在地面松开电动机上的制动器，如图 10-6 所示。

图 10-6　松开制动器

（4）用起重设备吊起传动机构，在标准节上方就位，如图 10-7 所示。

（5）用预备较短的电缆线将传动机构与外部电源连接起来，连接操作盒，并通电。

图 10-7　传动机构就位

（6）点动传动机构，让传动机构和吊笼之间对接，用螺栓或者销轴连接固定（部分施工升降机也可以使用传感销连接）。

（7）复位电动机制动器。

以上电动机制动器的松开和复位的步骤不能缺少，但具体方法应以厂家的安装说明为准。

安装完毕后，如果是双笼，则用以上相同的方法安装另外一边吊笼和传动机构。

第九节　电控系统安装

（1）根据厂家的安装说明接驳电缆，如图 10-8 所示。

（2）接通地面电源箱内的电源开关，检查是否已接入相序正确的电源，必须确保吊笼运行方向与吊笼上操作按钮的标记“向上”或“向下”一致。

（3）调整外笼碰铁，确保能够正常碰开吊笼门锁。

（4）检查各安全控制开关，保证吊笼门限位开关、吊笼顶门

图 10-8　安装电缆

限位开关、上限位开关、下限位开关、三相极限开关、断绳保护开关等均能正常使用。

（5）安装下限位碰铁，如图 10-9 所示。将施工升降机开到吊笼底与外笼门槛平齐位置，安装时通常要求下限位碰铁与下限位接触，把下限位转柄转到水平面 89°位置，下限位碰铁上端面与下限位滚轮距离约 400 mm，下限位碰铁调整至与标准节立管平行，用螺栓紧固。

图 10-9　安装下限位碰铁

第十节　电力驱动升降试车

在确认标准节、吊笼、传动机构及电控系统安装正确无误后，必须做如下调试和升降试车：

（1）调整滚轮间隙（包括腰滚轮）。调整后，滚轮与标准节立管间隙约为 0.5 mm，如图 10-10 所示。

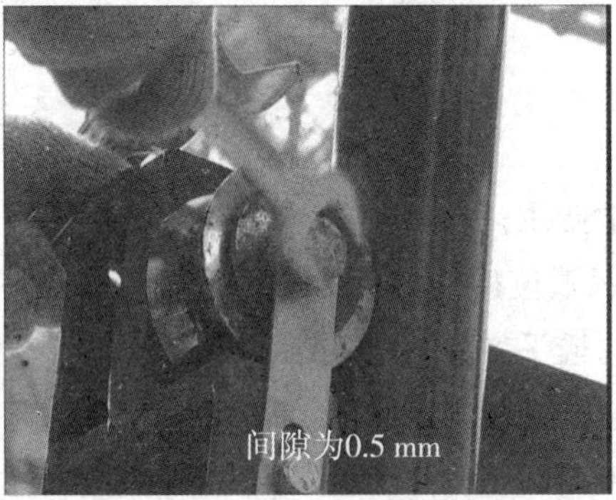

图 10-10　调整滚轮间隙

（2）调整齿轮和齿条之间啮合间隙。用塞尺法检查所有齿轮与齿条之间的啮合间隙，要求间隙为 0.2 ~ 0.5 mm，如图 10-11 所示。否则应采用楔铁调整大小板位置，以调整齿轮与齿条的啮合间隙，然后紧固所有大小板螺栓。

（3）调整导轮与齿条间隙。用塞尺检查所有导轮与齿条背面的间隙，要求间隙为 0.5 mm，否则调整导轮偏心套，以调整导轮与齿条间隙，然后紧固导轮螺栓。

（4）接通电源，由专职驾驶员谨慎地操作手柄，使空载吊笼沿着导轨架上、下运行数次，行程高度不得大于 5 m。要求吊笼

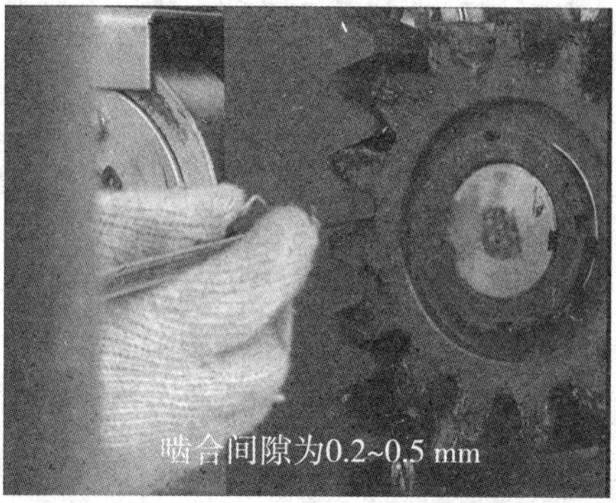

图 10-11　调整齿轮和齿条之间的间隙

运行平稳，无跳动、无异响等情况，制动器工作正常，同时进一步检查各导向滚轮与导轨架的接触情况，齿轮与齿条的啮合情况。

（5）空载试车一切正常后，在吊笼内安装载重量的载荷进行带载运行试车，并检查电动机、减速器的发热情况。

第十一节　安装第一道附墙架

附墙架的作用是保护导轨架垂直方向固定，是施工升降机正常工作的必备构件。根据现场的具体情况，附墙架可以安装在建筑物结构墙面上、混凝土楼板面上或者钢结构上，但是绝对不能安装在脚手架上。

附墙架的具体安装方法应根据生产厂家提供的安装说明书来进行。

需要注意以下几点：

（1）附墙架与导轨架之间必须按照规定使用指定级别的螺栓

连接，或者使用相应规格的管卡进行有效锁紧连接。严禁使用铁线捆绑或编织带捆绑。

（2）附墙架与建筑物之间的连接也必须按规定使用螺栓紧固或者与钢结构焊接，如采用焊接方式，则必须经过相关工程师进行验算，出具计算书，保证焊接后结构承载能力不小于所需要设计目标，焊接后要进行焊缝检测及进行防锈着漆处理。

（3）附墙架的最大水平倾角不应大于8°，如图10-12所示。除非该产品另有说明。安装后，要确保吊笼及对重等运动部件不与附墙架相干涉、相碰。

图10-12　附墙架的安装角度

第十二节　导轨架加高安装

一、导轨架加高安装的步骤

导轨架加高安装的具体方法应根据生产厂家提供的安装说明书来进行。若无安装说明书，可参考以下方法进行安装。

（1）如若没有其他起重设备辅助安装，则需要将吊杆安装到吊笼顶部，然后放下吊钩，将标准节吊至吊笼顶部，平稳堆放（注意带锥套的一端向下），如图 10-13 所示。起吊时要注意：每次在吊笼顶部允许装载的标准节数量应在规定的安装载重量之内；笼顶标准节必须分开放置，不允许叠高放置。

图 10-13　起吊标准节

（2）启动施工升降机，当吊笼升至接近导轨架顶部时，改为点动行驶，直至吊笼顶部距导轨架顶部约 300 mm 时停止。

（3）用吊杆吊起标准节，将标准节两端管子接头处及齿条销子处擦拭干净，并加少量润滑脂。对准下面标准节立管和齿条上的销孔放下吊钩，用螺栓紧固。松开吊钩，将吊杆转回，用 350 N·m 的拧紧力紧固全部螺栓。需要注意的是，标准节四根圆管的上下连接处的整体平面度要求在 0.5 mm 以内。

（4）驱动吊笼上升约 1.5 m 时，再安装下一节标准节，直至 3 节标准节安装完毕，再驱动吊笼下降返回地面。

（5）按上述方法将标准节依次安装，直至达到所需高度为止。随着导轨架的不断加高，应同时安装附墙架。

（6）导轨架每加高 10 m 左右，应用经纬仪等检测仪器检查导轨架的整体垂直度。该垂直度的允许偏差应符合表 10-2 的要求。

表 10-2　导轨架垂直度的允许偏差

<table>
<tr><td>导轨架架设高度 h/m</td><td>$h \leqslant 70$</td><td>$70 < h \leqslant 100$</td><td>$100 < h \leqslant 150$</td><td>$150 < h \leqslant 200$</td><td>$h > 200$</td></tr>
<tr><td rowspan="2">垂直度偏差/mm</td><td>不大于/1 000 h</td><td>$\leqslant 70$</td><td>$\leqslant 90$</td><td>$\leqslant 110$</td><td>$\leqslant 130$</td></tr>
<tr><td colspan="5">对钢丝绳式施工升降机，垂直度偏差不大于（1.5/1 000）h</td></tr>
</table>

注：导轨架垂直度可用经纬仪或其他检测垂直度的仪器来测量，但是不能用直尺或卷尺来测量，更不能靠目测。

（7）若现场有其他起重设备可以辅助安装，可先将 4 ~ 6 节标准节在地面上连成一组，再吊上导轨架安装。

注：如果整个导轨架中有不同立管厚度的标准节，那么立管厚度较厚的标准节一定要安装在立管厚度较薄的标准节下面。

（8）加高导轨架完成后，应安装上限位碰铁，具体方法如下：

1）在笼顶上操作，使施工升降机吊笼运行，当吊笼最上面的滚轮距离导轨架顶部约 5 m 时，按下急停按钮。

2）安装上限位碰铁。使碰铁与上限位接触，上限位转柄转到与水平面 89°位置，碰铁下端面与上限位滚轮（滚轮朝下）之间的距离约为 400 mm，将碰铁调至与标准节立管平行，用螺栓紧固碰铁。

3）旋开急停按钮，检查上限位是否正常。

二、导轨架加高安装的注意事项

（1）当使用起重设备将标准节放在导轨架上时，切记一定要按规定安装相应的连接螺栓。该连接螺栓一旦遗忘安装将可能造成吊笼与标准节同时倾覆坠落的严重后果。因此，加高的标准节一经吊装就位，就必须立即装上螺栓。因为某些偶发因素导致不能继续安装螺栓时，应将标准节吊离导轨架，要保证在任何一个时间段都不能出现虚装标准节的现象。

（2）施工升降机安装拆卸工在安装标准节的连接螺栓时应养成一个习惯：在连接螺栓安装时，总是将螺栓从连接孔的下方插入，在上方套入垫片和螺母，随后拧紧。这样做的好处是不容易误判螺栓组的安装情况。

（3）在安装没有防冲顶装置的标准节时，可将最上面一节标准节的齿条拆掉，这样可以防止吊笼行进至最顶部。如果这样导致顶部行程不足，则可以再增加一节标准节。对于某些旧式施工升降机，因其传动机构安装在吊笼内部，会增大冲顶的危险，所以在安装这种施工升降机时，上述做法很有必要。

第十三节　附墙架安装

根据施工现场的需要，随着施工升降机导轨架不断加高，导轨架必须间隔一定距离安装一道附墙架。附墙架的具体间隔距离可根据厂家的安装说明书或者现场的具体情况来确定。

附墙架的间距必须控制在规定范围内，而附墙后施工升降机的悬臂高度（即最后一道附墙架与导轨架顶端的距离）也必须符合规定要求。附墙架的具体安装方法和注意事项与安装第一道附墙架相同。

附墙架对施工升降机的安全使用起到至关重要的作用，附墙架安装后要仔细检查螺栓是否已正确安装完毕。在任何时间段内，都不允许出现导轨架加高，但相应的附墙架却没有安装或虚装的现象。

第十四节　导轨架加高后的试运行

专职司机应记住自己操作的吊笼可上行的最高楼层位置。由于建设中的楼层高度不断上升，施工升降机为满足施工需要，也会不断地加高导轨架。如果加高安装过程中有疏漏，则很容易造成上行的吊笼与加高后的标准节同时翻覆坠落的重大安全事故，如图10-14所示。

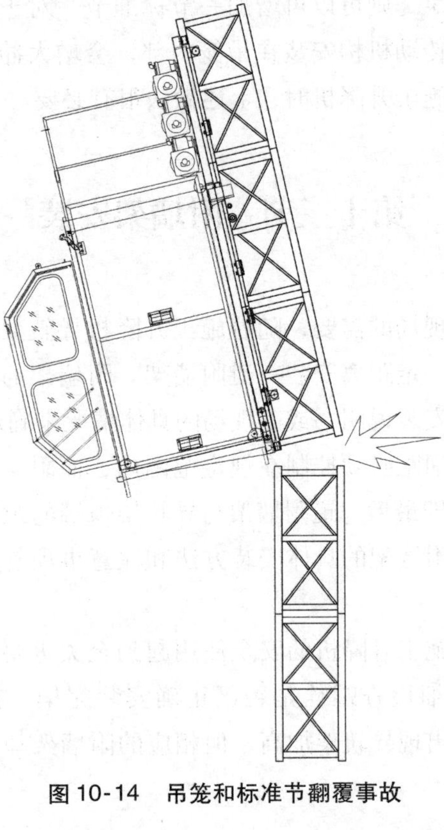

图 10-14　吊笼和标准节翻覆事故

因此，除安装人员必须按规定加高安装之外，操作人员也应当知悉加高的前后情况以及准确安装时间，并在加高完成后进行试行。除非司机参与了加高的全过程，确知吊笼能够在新高度内可靠上行，否则不应省略试运行程序。

1. 导轨架加高后试运行程序

（1）吊笼内除司机外，应完全空载。

（2）启动吊笼向上运行，在到达加高前的高度（或楼层）时停止上行。操作人员可通过小梯和天窗上到笼顶，也可直接在笼顶进行全过程操作，这样不必上下攀爬，但要注意安全。

（3）观察加高后每一节标准节之间的四根主连接螺栓是否有漏缺以及是否拧紧，并确认上极限开关板、上限位开关板和加高后的附墙架的安装情况，如图 10-15 所示。

图 10-15　检查限位开关板情况

（4）最后返回吊笼内继续上行，重复上述步骤，直至吊笼达到加高后的最高工作楼层位置，然后降至地面。只有经过试运行后的吊笼，才能允许正常的人员登载和物品运输。

试运行过程也应该在司机更替时由新接手司机进行，此时新接手司机应假设该施工升降机全部高度均为新加高后的高度。该检查同时作为每日必须检查的重要内容，司机应在每日上班的第一次正式搭载人员上行前完成。

2. 加高安装时不规范的操作

（1）标准节之间的四根主连接螺栓没有拧紧，没有达到使用说明书中规定的力矩要求。

（2）看上去有螺栓但却没有上螺母（虚装标准节）。

（3）只安装了两根螺栓，甚至完全没有螺栓。

（4）附墙架没有安装或没有按规定安装好。

（5）上极限开关板没有安装或安装位置不准确（注：上极限开关板的位置应正对着吊笼安全器右侧的极限开关器上的动作手柄）。

这些安全隐患通常是由于安装人员疏忽大意而产生的，这是一种很严重的极不负责的疏忽大意，直接危害了吊笼上全体人员的生命安全。如果司机未进行该类检查而直接工作，极有可能造成吊笼从最高处坠落并导致全体搭乘人员死亡的重大事故。

第十五节　对重的安装

一、安装对重的步骤

对重最好在吊笼和外笼安装完毕后、未进行标准节加高前，吊装就位。安装对重的步骤：

（1）在基础的对重位置上，先安装好缓冲弹簧，然后使用起重设备将对重吊入对重滑道，检查对重导向轮与滑道的间隙为0.5 mm，确保每个导向轮转动灵活。

（2）当导轨架安装到要求的高度后，将天轮、绳轮、钢丝绳及钢丝绳架吊到吊笼顶部。

（3）将钢丝绳架固定在吊笼上。

（4）将吊笼开至距导轨架顶端1 000 mm处，用吊杆把天轮安装到导轨架顶部，用螺栓固定好。

（5）安装绳轮。

（6）把钢丝绳穿过绳轮和天轮，与放至地面的对重连接好。

二、安装对重时的注意事项

（1）在吊笼达到最大的提升高度时，对重应距离地面不小于550 mm。

（2）从吊笼顶往下放钢丝绳时，要考虑钢丝绳的重量，防止钢丝绳脱手造成事故。

（3）钢丝绳的安装应符合规范要求。

第十六节　电缆导向装置安装

根据厂家的安装说明书来安装电缆导向装置。

电缆导向装置安装完毕后，要确保电缆导向装置不会与施工升降机其他部件（如吊笼、附墙架等）相干涉、相碰。

第十七节 层门安装

根据厂家的安装说明书安装层门。需要注意以下几点：

（1）安装时应注意层门的开启方向，层门不应朝升降通道打开，否则吊笼可能会与门发生碰撞。

（2）如层站设有侧面防护装置，则侧面防护装置与吊笼或层门之间任何开口的间距应不大于 150 mm。

（3）正常工作时：

1）吊笼底板离预定层站的垂直距离在 ±0.15 m 以内时才能打开该层门，否则无法打开任何层门；

2）只有在所有层门都在关闭位置时才能启动或保持吊笼的运行，但采用再平层措施时除外。

第十八节 拆卸程序

一、拆卸前的检查

（1）检查要拆卸的施工升降机的基础部位及附着装置。

（2）检查各机构的运行情况。

（3）检查拆卸现场的周边环境，确保作业场地路面平整、坚实，不得有任何障碍物。

二、拆卸作业程序

施工升降机的拆卸程序是安装程序的逆程序，一般按照先装的后拆、自上而下的步骤进行。

（1）将操作盒置于吊笼顶部。

注：对有驾驶室的施工升降机，须将加节按钮盒接线插头插至驾驶室操纵箱的相应插座上，并将操纵箱上的控制旋钮旋至“加节”位置，再将加节按钮盒置于吊笼顶部。对无驾驶室的施工升降机，须将吊笼内的操作盒移至吊笼顶部。

（2）在吊笼顶部安装好吊杆。

（3）使吊笼提升到导轨架顶部，拆卸上极限开关挡块和上限位开关挡板。

（4）拆除对重的缓冲弹簧，并在对重下垫上足够高度的枕木。

（5）使吊笼缓缓上升适当距离，让对重平稳地停在所垫的枕木上，使钢丝绳卸载。

（6）从对重上和偏心绳具上卸下钢丝绳，用吊笼顶的钢丝绳盘收起所有的钢丝绳。

（7）拆卸天轮架。

（8）拆卸导轨架、附墙架，同时拆卸电缆导向装置。

（9）保留 3 节导轨架（标准节）组成的最下部导轨架，然后拆除吊杆，吊笼停至缓冲弹簧上。

（10）切断地面电源箱的总电源，拆卸连接至吊笼的电缆。

（11）将吊笼吊离导轨架。

（12）拆卸缓冲弹簧。

（13）将对重吊离导轨架。

（14）拆卸围栏。

三、拆卸作业注意事项

（1）在施工升降机拆卸的过程中，应认真检查各就位部件的连接与坚固情况，发现问题及时整改，确保拆卸时施工升降机工作安全可靠。

（2）拆卸导轨架时，要确保吊笼最高导向滚轮的位置始终处于被拆卸的导轨架接头之下，且吊具和安装吊杆都已到位，然后才能卸去连接螺栓。

（3）拆卸导轨架时，先将导轨架上的连接螺栓拆下，然后用吊杆将导轨架放至吊笼顶部，吊笼落到底层卸下导轨架。注意吊笼顶部的导轨架（标准节）不得超过3节。

（4）拆卸工作完成后，拆卸下的螺栓、轴销、开口销应分类存放，保管妥当。施工场地上作业时所用的索具、工具、辅助用具、各种零配件和杂物等都应及时清理。

第十一章　施工升降机的检查内容与方法

第一节　施工升降机的安装调整及报废标准

一、施工升降机的安装调整

施工升降机的安装调整是安装工作的重要组成部分，也是不可缺少的一个环节。施工升降机的主要零部件如导轨架、滚轮、齿轮和齿条、上限位挡块、下限位挡块等安装后均须进行调整。

1. 导轨架垂直度的调整

吊笼空载降至地面，用经纬仪测量导轨架的安装垂直度，重复3次取平均值。如垂直度偏差超过如表10-2所示的规定值时，须调整附墙架的调节杆，使导轨架的垂直度符合标准要求。

2. 导向滚轮与导轨架立管的调整

用塞尺检查滚轮与导轨架立管的间隙，对不符合要求的应进行调整。调整方法：松开滚轮的固定螺栓，用专用扳手转动偏心轴，调整间隙为0.5 mm，调整完毕后将螺栓紧固好。

3. 齿轮和齿条啮合间隙调整

用塞尺测量齿轮和齿条啮合间隙，对不符合要求的应进行调整。调整方法：松开传动板上的背轮螺母，用专用扳手转动偏心套调整齿轮与齿条的啮合间隙、背轮与齿轮的间隙。调整齿轮和齿条啮合间隙为0.2～0.5 mm，背轮与齿条的间隙为0.5 mm，调整完毕后将螺栓紧固好。

4. 上、下限位挡块及减速限位挡块的调整

（1）上限位挡块

调整时在笼顶操作，将吊笼向上提升，当上限位动作时，上部安全距离应不小于1.8 m。如位置出现偏差，可调整上限位挡块，并用钩头螺栓固定好。

（2）下限位挡块

调整时使吊笼下降，下限位应与下限位挡块有效接触，使吊笼停住。如位置出现偏差，应调整下限位挡块位置，并用螺栓固定好。

（3）减速限位挡块

调整时在笼内操作，将吊笼下降到吊笼与外笼门平齐时（满载），减速限位挡块应与减速限位接触并有效。如位置出现偏差，应重新安装减速限位挡块，并用螺栓固定好。

（4）上、下极限开关

上极限开关的安装位置应保证上极限开关与上限位开关之间的越程距离为0.15 m，如图11-1所示。下极限开关的安装位置应保证吊笼在碰到缓冲器之前下极限开关先动作。限位调整时，对于双吊笼施工升降机，一个吊笼进行调整时，另一个吊笼必须停机。

5. 变频调速施工升降机的运行调整

变频调速施工升降机的运行调整必须在生产厂家的指导下，调整变频器的参数，直到施工升降机运行速度达到规定值。

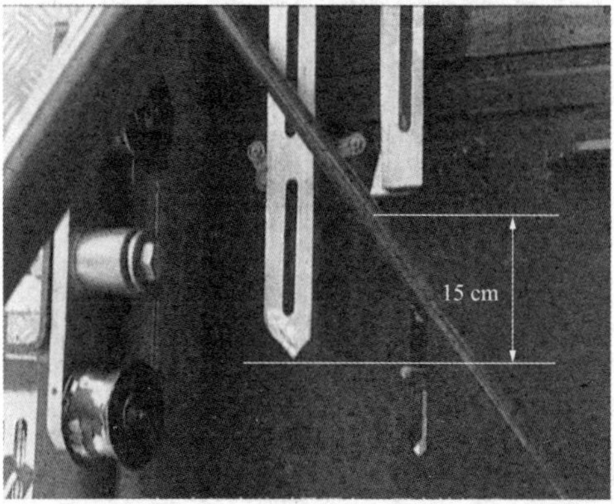

图 11-1　上、下极限开关的安装位置

二、防坠安全器的坠落试验

1. 坠落试验的意义

防坠安全器担负着在吊笼失速坠落时制停的重要功能，所有施工升降机事故中，只有坠落才会导致大的伤亡事故，因此必须要保证吊笼安全器的可靠与正常，以使施工升降机发生伤亡事故的概率降至最低。而定期进行坠落试验，则是检验安全器可靠与否、正常与否的有效手段。

2. 坠落试验

首次使用的施工升降机或转移工地后重新安装的施工升降机，必须在投入使用前进行额定荷载坠落试验。施工升降机投入正常运行后，还需每隔 3 个月定期进行一次坠落试验，以确保施工升降机的使用安全。坠落试验如图 11-2 所示。

一般程序如下：

（1）在吊笼中加载额定载重量。

（2）切断地面电源箱的总电源。

图 11-2 坠落试验

（3）将坠落试验按钮盒的电缆插头插入吊笼电气控制箱底部的坠落试验专用插座中。

（4）把试验按钮盒的电缆固定在吊笼上电气控制箱附近，将按钮盒设置在地面。坠落试验时，应确保电缆不会被挤压或卡住。

（5）撤离吊笼内所有人员，关上全部吊笼门和围栏门。

（6）合上地面电源箱中的主电源开关。

（7）按下试验按钮盒标有“上升”符号（↑）的按钮，驱动吊笼上升至离地面 3 ~ 10 m 的位置。

（8）按下试验按钮盒标有“下降”符号（↓）的按钮，并保持按住这个按钮。这时，电动机制动器松闸，吊笼下坠。当吊笼下坠速度达到临界速度时，防坠安全器将动作，把吊笼刹住。

当防坠安全器未能按规定要求刹住吊笼时，必须将吊笼上电气控制箱上的坠落试验插头拔下，操纵吊笼下降至地面后，查明防坠安全器不动作的原因，排除故障后，才能再次进行试验。必要时需送回生产厂家校验。

(9) 防坠安全器按要求动作后，驱动吊笼上升至高一层的停靠站。

(10) 拆除试验电缆。此时，吊笼应无法启动。因当防坠安全器动作时，吊笼内部的电控开关已关闭，以防止吊笼在试验电缆被拆除而防坠安全器尚未按规定要求复位的情况下被启动。

3. 防坠安全器动作后的复位

坠落试验后或防坠安全器每发生一次动作，均需对防坠安全器进行复位工作。在正常操作中发生动作后，须查明发生动作的原因，并采取相应的措施。在检查确认完好后或查清原因排除故障后，才可对安全器进行复位，防坠安全器未复位前，严禁继续操作施工升降机。防坠安全器在复位前应检查电动机、制动器、蜗轮减速器、联轴器、吊笼滚轮、对重滚轮、驱动小齿轮、安全器齿轮、齿条、背轮和安全开关等零部件是否完好，连接是否牢固，安装位置是否符合规定。

目前常用的渐进式防坠安全器从外观构造上区分有两种：一种是后端只有后盖，另一种在后盖上有一个小罩盖。两种防坠安全器的复位方法有所不同。

(1) 防坠安全器Ⅰ复位操作：如图11-3所示。

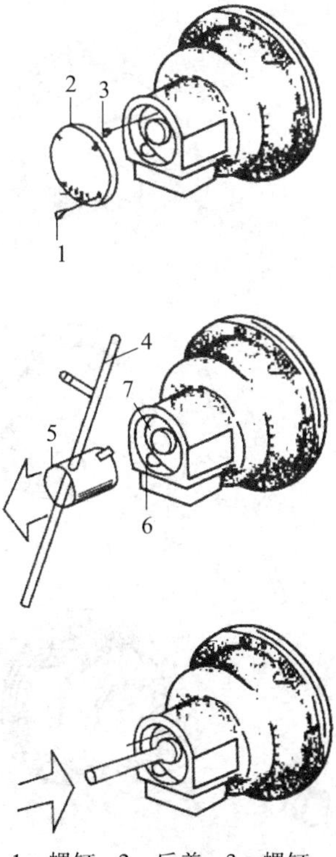

1—螺钉；2—后盖；3—螺钉；4—专用工具；5—扳手；6—铜螺母；7—弹簧销。

图11-3　防坠安全器Ⅰ的复位

1）断开主电源；

2）旋出螺钉1，拆下后盖2，旋出螺钉3；

3）用专用工具4和扳手5，旋出铜螺母6直至弹簧销7的端部和安全器外壳后端面平齐为止，这时安全器的安全开关已复位；

4）安装螺钉3；

5）接通主电源，驱动吊笼向上运行300 mm以上，使离心块复位；

6）用锤子通过铜棒，敲击安全器后的螺杆；

7）装上后盖2，旋紧螺钉1；

8）若复位后，外锥体摩擦片未脱开，可用锤子通过铜棒，敲击安全器后的螺杆，迫使其脱离，达到复位作用。

（2）带罩盖防坠安全器Ⅱ复位操作，如图11-4所示。

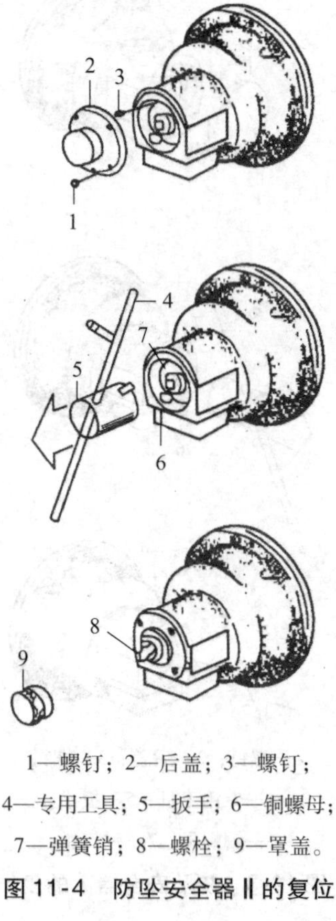

1—螺钉；2—后盖；3—螺钉；
4—专用工具；5—扳手；6—铜螺母；
7—弹簧销；8—螺栓；9—罩盖。

图11-4　防坠安全器Ⅱ的复位

1）断开主电源；

2）旋出螺钉1，拆下后盖2，旋出螺钉3；

3）用专用工具4和扳手5，旋出铜螺母6直至弹簧销7的端部和防坠安全器外壳后端面平齐为止，这时防坠安全器的安全开关已复位；

4）安装螺钉3；

5）接通主电源，驱动吊笼向

上运行 300 mm 以上，使离心块复位；

6）装上后盖 2，旋紧螺钉 1，旋下罩盖 9，用手旋紧螺栓 8；

7）用扳手 5 把螺栓 8 再旋紧 30°左右，然后立即反向退至上一步初始位置；

8）装上罩盖 9。

三、施工升降机主要零部件的技术要求和报废标准

（一）齿轮与齿条

施工升降机中的齿轮、齿条机构能否可靠地工作，不仅关系到设备的正常运转及使用，更直接关系到建设施工现场的施工安全。

1. 齿轮

施工升降机齿轮的使用应当满足一定的使用要求，而且应符合相应的报废标准。当磨损量达到一定的报废极限时应当更换。

（1）齿轮使用要求

齿轮本身的制造精度，对整个机器的工作性能、承载能力及使用寿命都有很大的影响。根据其使用条件，齿轮传动应满足以下几个方面的要求。

1）传递运动准确性：要求齿轮较准确地传递运动，传动比恒定，即要求齿轮在一转中的转角误差不超过一定范围。

2）传递运动平稳性：要求齿轮传递运动平稳，以减小冲击、振动和噪声，即要求限制齿轮转动时瞬时速比的变化。

3）载荷分布均匀性：要求齿轮工作时，齿面接触要均匀，以使齿轮在传递动力时不致因载荷分布不均匀而使接触应力过大，引起齿面过早磨损。接触精度除包括齿面接触均匀性以外，还包括接触面积和接触位置。

4）传动侧隙的合理性：要求齿轮工作时，非工作齿面间留有一定的间隙，以贮存润滑油，补偿因温度、弹性变形所引起的尺寸变化和加工、装配时的一些误差。

齿轮的制造精度和齿侧间隙主要根据齿轮的用途和工作条件而定。对于分度传动用的齿轮，主要要求齿轮的运动精度较高；对于高速动力传动用的齿轮，为了减少冲击和噪声，对工作平稳性精度有较高要求；对于重载低速传动用的齿轮，则要求齿面有较高的接触精度，以保证齿轮不致过早磨损；对于换向传动和读数机构用的齿轮，则应严格控制齿侧间隙，必要时，须消除间隙。

（2）齿轮的磨损极限

齿轮的磨损极限的测量可用公法线千分尺跨二齿测公法线长度，如图 11-5 所示。新齿轮和磨损后齿轮的相邻齿公法线长度应按使用说明书规定进行检查。如某厂施工升降机使用说明书中规定：新齿轮相邻齿公法线长度 $L=37.1$ mm 时，磨损后相邻齿公法线长度应为 $L\geqslant35.8$ mm。

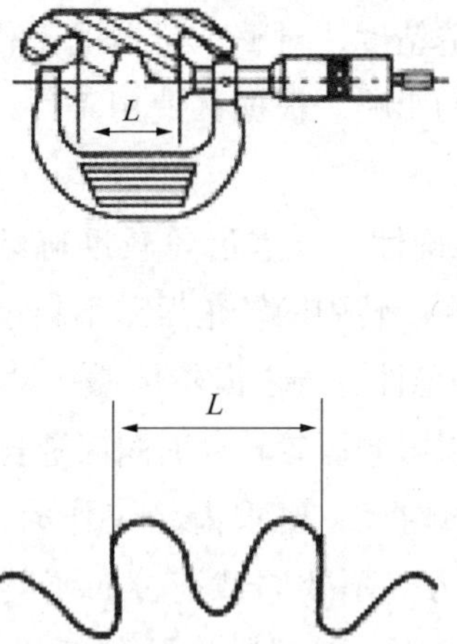

图 11-5　测量齿轮的磨损

（3）减速器驱动齿轮的更换

当减速器驱动齿轮齿形磨损达到极限时，必须进行更换，方法如图 11-6 所示。

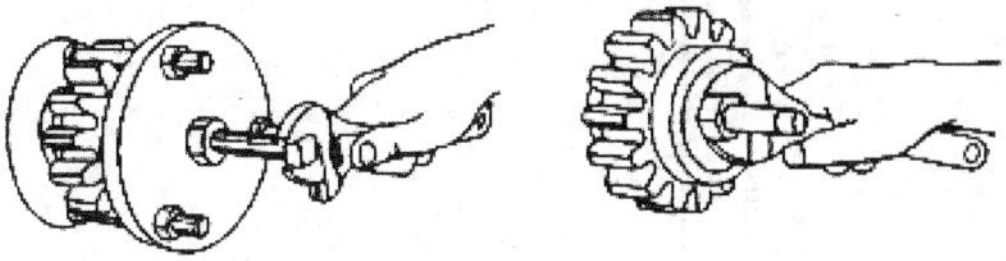

图 11-6　更换减速器驱动齿轮

1）将吊笼降至地面用木块垫稳。

2）拆掉电机接线，松开电动机制动器，拆下背轮。

3）松开驱动板连接螺栓，将驱动板从驱动架上取下。

4）拆下减速机驱动齿轮外轴端圆螺母及锁片，拔出小齿轮。

5）将轴径表面擦洗干净并涂上黄油。

6）将新齿轮装到轴上，上好圆螺母及锁片。

7）将驱动板重新装回驱动架上，穿好连接螺栓（先不要拧紧）并安装好背轮。

8）调整好齿轮啮合间隙，使用扭力扳手将背轮连接螺栓、驱动板连接螺栓拧紧，拧紧力矩应分别达到 300 N · m 和 200 N · m。

9）恢复电机制动并接好电机及制动器接线。

10）通电试运行。

2. 齿条的磨损极限

齿条的磨损极限量可用游标卡尺测量，如图 11-7 所示。新齿条和磨损后齿条的最大磨损量应按使用说明书规定进行检查。如某厂施工升降机使用说明书中规定：新齿条齿宽为 12. 566 mm 时，磨损后齿宽应不小于 11. 6 mm。

齿条的更换：

（1）松开齿条连接螺栓，拆卸磨损或损坏了的齿条，必要时允许用气割等工艺手段拆除齿条及其固定螺栓，清洁导轨架上的

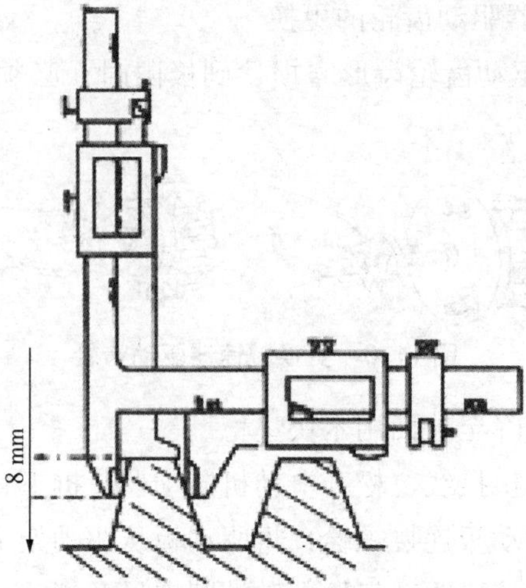

图 11-7　测量齿条的磨损度

齿条安装螺孔，并用特制液体涂定液做标记。

（2）在标定位置安装新齿条，其位置偏差、齿条距离导轨架立管中心线的尺寸，如图 11-8 所示。螺栓预紧力矩为 200 N · m。

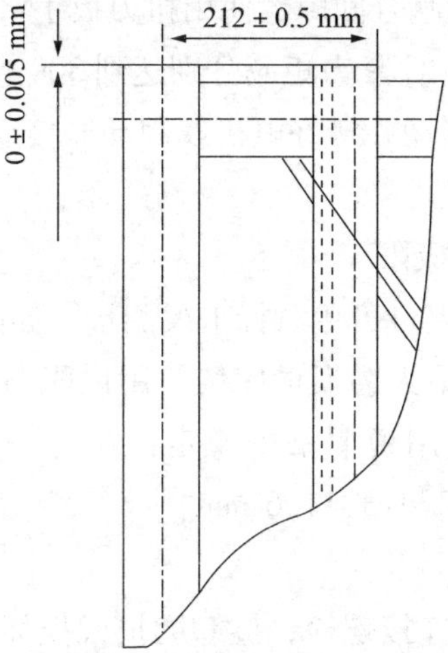

图 11-8　齿条安装位置偏差

（二）滚轮

1. 滚轮的磨损极限

（1）测量方法

用游标卡尺测量，如图 11-9 所示。

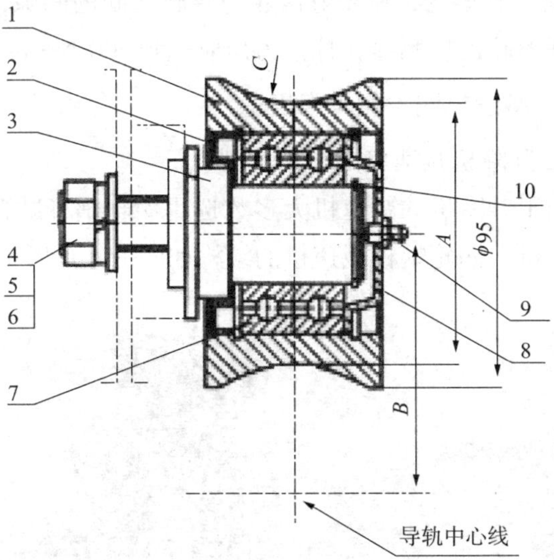

1—滚轮；2—油封；3—滚轮轴；4—螺栓；5—垫圈；6—垫圈；
7—轴承；8—端盖；9—油杯；10—挡圈；
A—滚轮直径；*B*—滚轮与导轨架主弦杆的中心距；*C*—导轮凹面弧度半径。

图 11-9　滚轮磨损量的测量

（2）某厂施工升降机使用说明书中滚轮的极限磨损量要求见表 11-1。

表 11-1　滚轮的极限磨损量

测量尺寸	新滚轮/mm	磨损的滚轮/mm
A	ϕ80	最小 ϕ78
B	79 ± 3	最小 76
C	*R*40	最大 *R*42

2. 滚轮的更换

当滚轮轴承损坏或滚轮磨损超差时必须更换，步骤如下：

（1）吊笼落至地面用木块垫稳。

（2）用扳手松开并取下滚轮连接螺栓，取下滚轮。

（3）装上新滚轮，调整好滚轮与导轨之间的间隙，使用扭力扳手紧固好滚轮连接螺栓，拧紧力矩应达到200 N·m。

（三）减速机涡轮和伞齿齿轮

1. 施工升降机减速机的常见类型

国内施工升降机的减速机大多数选用涡轮蜗杆减速机或者伞齿齿轮减速机。涡轮蜗杆减速机的结构如图11-10所示。

图11-10 涡轮蜗杆减速机剖切图

2. 减速机中涡轮蜗杆或伞齿齿轮的报废极限要求

对于涡轮蜗杆减速机涡轮齿牙的磨损情况可用专用测量尺检测。如图11-11所示，当涡轮齿牙磨损到50%，则必须更换减速机。

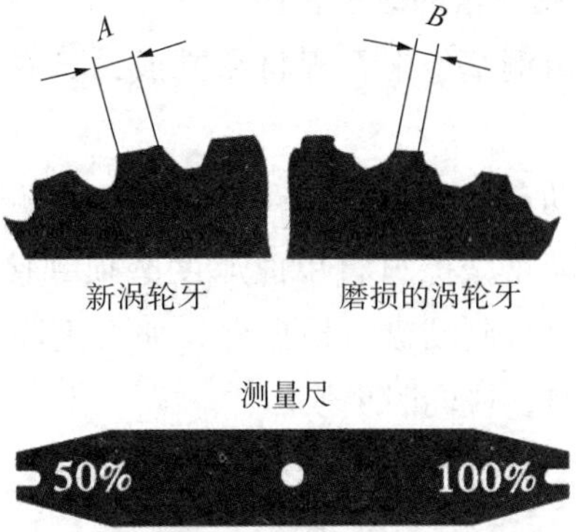

图 11-11　检测涡轮齿牙磨损情况

对于伞齿齿轮减速机齿轮的磨损情况则可用卡尺检测。如图 11-12 所示，当齿轮磨损到 $B-2A>3$ mm 时，必须更换减速机。

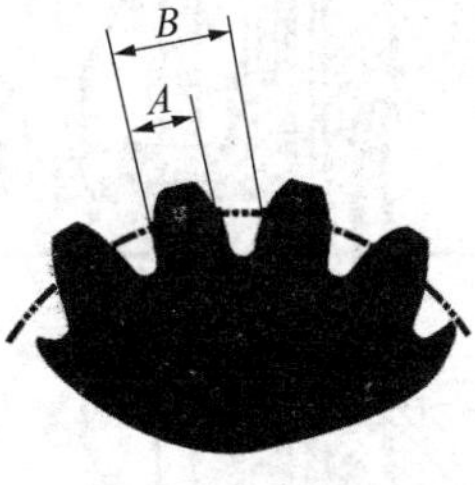

图 11-12　检测伞齿齿轮磨损情况

注：A—磨损的齿厚；B—磨损的齿轮节距。

（四） 电机制动块和制动盘

1. 电机制动块的使用要求

电机制动器的电磁铁芯与衔铁之间的间隙，由具有独特功能的间隙自动跟踪调整装置控制，故在一定范围内间隙不受制动块磨损的影响，但当制动块磨损到接近转动盘厚度时，必须更换制动块。

2. 电机旋转制动盘的磨损极限

电机制动盘由铜基丝末石棉材料制成，具有耐高温、耐磨损的特点。

电机旋转制动盘磨损极限量可用塞尺进行测量，如图 11-13 所示。当旋转制动盘摩擦材料单面厚度磨损到接近 1 mm 时，必须更换制动盘。电机制动盘为易损件，如发现固定制动盘和衔铁也有明显的磨损时，应同时更换。

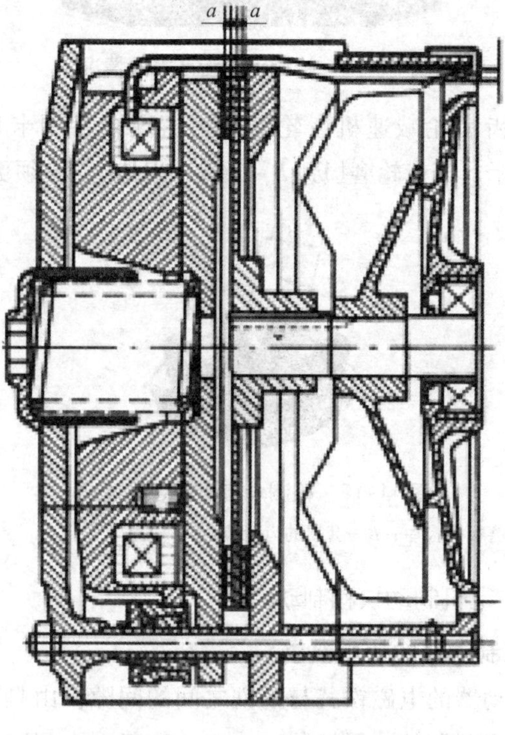

图 11-13　电机制动盘磨损量的检测

（五）钢丝绳

1. 钢丝绳的技术要求

（1）钢丝绳的绳股应捻制均匀、紧密。

（2）股芯丝和股纤维芯应具有足够的支撑作用，以使外层包捻的钢丝能均匀捻制，股中相邻钢丝之间允许有均匀的缝隙。用同直径钢丝制成的股及绳中的钢芯，其中心钢丝和中心股应适当加大。

（3）钢丝绳捻制

1）钢丝绳应捻制均匀、紧密和不松散。在展开和无负荷的情况下，不得呈波浪状。绳内钢丝不得有交错、折弯和断丝等缺陷，但允许有因变形工卡具压紧造成的钢丝压扁现象存在。

2）钢丝绳制造时，同直径钢丝应为同一公称抗拉强度，不同直径钢丝允许采用相同或相邻公称抗拉强度，但应保证钢丝绳最小破断拉力符合有关规定。

3）钢丝绳的绳芯应具有足够的支撑作用，以使外层包捻的股均匀捻制。允许各相邻股之间有较均匀的缝隙。

4）锌钢丝绳中的所有钢丝都应是镀锌的。

5）钢丝绳中钢丝的接头应尽量减少。钢丝接续时，应用对焊连接。股在同一次捻制中，各连接点在股内的距离不得小于10 m。

6）涂油，钢丝绳应均匀地连续涂敷防锈油脂，另有要求的除外。若需方要求钢丝绳有增磨性能时，钢丝绳应涂增磨油脂。

2. 钢丝绳的报废标准

常见钢丝绳报废标准见本书附录三。

（六）滑轮

建筑施工所用的升降机上的滑轮安全性要求较高，引导钢丝绳上行的滑轮应设置防止异物进入措施，还要有防止钢丝绳脱槽装置，钢丝绳的偏角不得超过2.5°，要经常清理润滑，保证滑轮灵活转动。

当出现以下任何一种状况时，滑轮必须报废：

（1）滑轮有裂纹，不允许补焊；

（2）滑轮绳槽径向磨损超过原绳径的5%；

（3）滑轮槽壁磨损超过原尺寸的20%；

（4）轮槽的不均匀磨损达3 mm；

（5）轮缘破损；

（6）轴套磨损超过轴套壁厚的10%；

（7）中轴磨损超过轴径的2%。

第二节　施工升降机的安装自检与验收

施工升降机安装完毕后，应进行通电试运转和调试并进行自检。自检合格出具自检报告后可约请具有相应资质的检验检测机构进行监督检验。

安装自检应当按照有关安全技术规范和使用说明书的要求进行检查，并填写安装自检表，如表11-2所示。

表 11-2　施工升降机安装自检表

工程名称			
工程地址			
使用单位			
安装单位			
产权单位			
制造单位	（许可证号：　　　）		
型号规格		传动形式	0　0　0
SS 型驱动形式	0　0	制造编号	
备案编号		出厂日期	
告知受理号		设备自编号	
安装位置			
性能参数	额定载重量：　kg；额定提升速度：　m/min 额定乘员数：　人；最大独立高度：　m 最大提升高度：　m；导轨架顶端自由高度　m		
设备状态	导轨架架设高度：　m；安全器编号： 安全器型号：　安全器有效期：		

续表

检查依据	1.《建筑施工升降机安装检验评定规程》; 2.《施工升降机安全规程》(GB 10055—2007); 3.《施工升降机》(GB/T 1054—2005); 4.《起重机械安全规程　第1部分：总则》(GB 6067.1—2010); 5.《建筑机械使用安全技术规程》(JGJ 33—2001); 6.《建筑施工升降安装、使用、拆卸安全技术规程》(JGJ 215—2010); 7.《施工现场机械设备检查技术规程》(JGJ 160—2016); 8.《建筑起重机械安全监督管理规定》(建设部令　第166号)		
检查情况汇总	检查项目共计99项： 保证项目共38项，第＿＿＿＿项不合格，共＿＿＿＿项不合格; 一般项目共61项，第＿＿＿＿项不合格，共＿＿＿＿项不合格。		
检查结论			
自检人员（安装单位专业技术人员）	（签名） 年　月　日	安装单位	（公章） 年　月　日
备　注	保证项目（序号带“★”的项目）全部合格，一般项目中不合格项目数不超过5项，此设备自检结论方为“合格”		

续表

序号	项类	项目编号	检查内容及要求	检查结果	结论
★1	1.1 结构	1.1.1 主要受力构件	施工升降机导轨架、传动系统、吊笼立柱、上下承载梁和附墙架等主要受力构件不得有明显变形、可见裂纹、开焊和严重锈蚀、磨损等缺陷。标准节立管壁厚减少量不得大于出厂厚度的25%		
2		1.1.2 笼门尺寸	吊笼门框的净高度至少为2.0 m，净宽度至少为0.6 m，吊笼门的开启高度不得小于1.8 m		
3		1.1.3 笼顶防护	吊笼应封顶，吊笼顶应设置高度不小于1.1 m的护栏，护栏的中间高度应设横杆，踢脚板高度不小于100 m		
★4		1.1.4 紧急逃离出口	吊笼顶部应设有紧急出口，并配有专用扶梯。出口应装有向外开启的活板门，并设有电气安全开关，且动作有效、可靠		
			当吊笼顶部未设紧急出口时，应在吊笼立面上装设紧急逃离门，门应向吊笼内侧打开或采用滑动型的门，并设有电气安全开关，且动作有效、可靠		
5		1.1.5 吊笼底板	吊笼底应防滑、排水，不得存有破损等缺陷		
6		1.1.6 吊笼与对重导向	吊笼与对重的导向应正确可靠，吊笼采用滚轮导向，对重可采用滚轮或滑靴导向		
			吊笼不允许当作对重使用		

续表

序号	项类	项目编号	检查内容及要求	检查结果	结论
7	1.1 结构	1.1.7 对重导轨	对重导轨不得采用链条或钢丝绳等柔性物体		
8		1.1.8 钢丝绳防脱装置	滑轮、卷筒或曳引轮应用钢丝绳防脱装置，该装置与滑轮、卷筒或曳引轮外缘的间隙不应大于钢丝绳直径的20%，且不大于3 mm		
			卷筒两侧边超出最外层钢丝绳的高度不应小于钢丝绳直径的2倍		
9	1.2 信息标志与信号	1.2.1 产品标牌	应在升降机易于观察的位置设置耐腐蚀的金属产品标牌，其内容应包括产品名称和型号；产品主要性能参数；产品出厂编号；产品制造日期；制造商名称		
10		1.2.2 限载标志	应在施工升降机明显部位设置限载、限人标志		
11		1.2.3 操作标识	在操作位置上应标明控制元件的用途和动作方向，指示信息应易于识别且清晰可见		
12		1.2.4 标准节标识	当同一施工升降机的标准节有不同的立管壁厚时，标准节应有明确的区分标识		
13		1.2.5 对重标志	对重应根据有关规定的要求涂成警告色		
			对重上应标明其自重		

续表

序号	项类	项目编号	检查内容及要求	检查结果	结论
14	1.2 信息标志与信号	1.2.6 报警装置	应在吊笼内明显位置装设易于接近的报警装置。当采用对讲系统时，应保证在施工升降机断电后1 h内仍能维持正常工作		
15		1.2.7 联络装置	施工升降机应设置能显示呼叫楼层的层楼联络装置，且工作正常		
16	1.3 电气控制操纵及保护	1.3.1 电气设备防护	电气设备应设有防护措施，能防止外界如雨、雪、泥浆、灰尘等造成的危害		
17		1.3.2 电气联锁	控制吊笼上、下运行的接触器应用电气联锁		
18		1.3.3 零位保护	机构控制回路应设有零位保护，运行中因故障或失压停止运行后，重新恢复供电时，机构不得自行动作，应人为将控制器置零位后，机构才能重新启动		
19		1.3.4 电气保护	施工升降机电路应设有短路保护、过载保护、断相及错相保护		
20		1.3.5 接地故障保护	当接地出现故障时，主控制电路和其他控制电路中的断路器应自动切断		
21		1.3.6 变频调速电路保护	对变频调速施工升降机，控制回路应采取措施避免当驱动电机起发电作用时引起的危险		

续表

序号	项类	项目编号	检查内容及要求	检查结果	结论
★22	1.3 电气控制操纵及保护	1.3.7 吊笼顶部控制装置	吊笼顶用作安装、拆卸、维修的平台时，应设有检修或拆装时的顶部控制装置。对多速升降机只允许吊笼以低速运行。控制装置应安装非自行复位的急停开关，任何时候均可切断电路停止吊笼的运行。在使用顶部控制装置时，其他操作装置均不起作用，但吊笼的安全装置仍应起作用		
23	1.4 传动系统	1.4.1 密封性能	施工升降机的传动系统不应出现滴油现象		
			施工升降机的液压系统不应出现滴油现象		
24		1.4.2 传动系统防护	传动系统及其防护措施应便于维修检查，有关零部件应防止雨、雪、泥浆、灰尘等物质侵入		
25		1.4.3 驱动装置	每个吊笼至少应有一套驱动装置。驱动电机应通过不会脱离啮合的直接传动系统与驱动齿轮相连接。吊笼在工作中应始终由动力驱动上升或下降		
26		1.4.4 齿条连接	标准节上的齿条连接应牢固。相邻两齿条的对接外，沿齿高方向的阶差不应大于0.3 mm，沿长度方向的齿距离偏差不应大于0.6 mm		
27		1.4.5 齿轮、齿条磨损	齿轮的磨损量应符合制造商的规定		
			齿条的磨损量应符合制造商的规定		

续表

序号	项类	项目编号	检查内容及要求	检查结果	结论
28	1.4 传动系统	1.4.6 卷扬驱动	施工升降机采用卷扬驱动时，应无对重，且吊笼额定提升速度应不大于0.63 m/s		
★29		1.4.7 制动器设置	传动系统应设有常闭式制动器。不允许采用带式制动器		
			当采用两套或两套以上的独立传动系统时，每套传动系统均应具备各自独立的制动器		
★30		1.4.8 手动松闸	制动器应具有手动松闸动能，并保证手动施加的作用力一旦撤除，制动器立即恢复动作		
★31		1.4.9 溢流阀	液压泵组应装有溢流阀，其压力应调整正确		
★32		1.4.10 手动下降操作装置	液压系统应设有旁通阀和制动器的手动松闸装置，使吊笼在事故状态时可以实现手动下降		
33	2.1 作业环境	2.1.1 防护围栏	在吊笼和对重的升降通道周围应设置地面防护围栏，防护围栏的高度不应低于1.8 m		
★34		2.1.2 围栏门机电联锁	围栏登机门应装有机械锁止装置和电气安全开关，使吊笼只有位于底部规定位置时，围栏登机门才能开启，且在门开启后吊笼不能启动		

续表

<table>
<tr><th>序号</th><th>项类</th><th>项目编号</th><th colspan="3">检查内容及要求</th><th>检查结果</th><th>结论</th></tr>
<tr><td>35</td><td rowspan="10">2.1 作业环境</td><td>2.1.3 防护棚</td><td colspan="3">施工升降机地面吊笼出入口上方应设置防护棚，防护棚顶部应采用坚实的材料，在任意 0.01 m^2 面积上作用 1.5 kN 的力时，不应产生永久变形。建筑物高度超过 24 m 时，应设双层防护棚</td><td></td><td></td></tr>
<tr><td>36</td><td>2.1.4 运动部件安全距离</td><td colspan="3">施工升降机运动部件与除登机平台以外的建筑物和固定施工设备之间的距离不应小于 0.2 m</td><td></td><td></td></tr>
<tr><td>37</td><td>2.1.5 停层标志</td><td colspan="3">各停层处应设置安全警示标志及楼层标志</td><td></td><td></td></tr>
<tr><td>38</td><td>2.1.6 井道封闭屏障</td><td colspan="3">施工升降机安装在建筑物内部井道中间时，应在全行程范围井道四周搭设封闭屏障</td><td></td><td></td></tr>
<tr><td rowspan="6">★39</td><td rowspan="6">2.1.7 与输电线安全距离</td><td rowspan="6">升降机任何部件与外电架空线路的边线之间的距离应符合右侧单元格规定，否则必须采取安全防护措施</td><td>线路电压/kV</td><td>安全距离/m</td><td rowspan="6"></td><td rowspan="6"></td></tr>
<tr><td><1</td><td>≥4</td></tr>
<tr><td>1 ~ 10</td><td>≥6</td></tr>
<tr><td>35 ~ 110</td><td>≥8</td></tr>
<tr><td>154 ~ 220</td><td>≥10</td></tr>
<tr><td>330 ~ 550</td><td>≥15</td></tr>
</table>

续表

<table>
<tr><th>序号</th><th>项类</th><th>项目编号</th><th colspan="3">检查内容及要求</th><th>检查结果</th><th>结论</th></tr>
<tr><td>40</td><td rowspan="5">2.2
基础方案</td><td>2.2.1 基础方案</td><td colspan="3">使用单位应根据原制造商提供的载荷参数设计制造混凝土基础。混凝土基础应由专业工程师设计，并形成完整的方案</td><td></td><td></td></tr>
<tr><td>★41</td><td>2.2.2 基础强度</td><td colspan="3">施工升降机基础的混凝土强度等级不应低于 C25，并符合制造厂的要求</td><td></td><td></td></tr>
<tr><td rowspan="3">42</td><td rowspan="3">2.2.3 基础制作</td><td colspan="3">实际制作的混凝土基础应与方案或使用说明书的规定一致</td><td></td><td rowspan="3"></td></tr>
<tr><td colspan="3">基础表面平整度偏差不应大于 10 mm</td><td></td></tr>
<tr><td colspan="3">基础应有排水措施，保证基础不积水</td><td></td></tr>
<tr><td rowspan="7">43</td><td rowspan="7">2.3 结构件安装与连接</td><td rowspan="7">2.3.1 垂直偏差</td><td colspan="3">对钢丝绳式施工升降机，导轨架轴心线对底座水平基准面的垂直度偏差不应大于导轨架高度的 1.5‰</td><td></td><td rowspan="7"></td></tr>
<tr><td rowspan="6">对齿轮齿条式施工升降机，导轨架轴心线对底座水平基准面的垂直度偏差应符合右侧单元格的规定</td><td>导轨架架设高度 h/m</td><td>垂直度偏差/mm</td><td rowspan="6"></td></tr>
<tr><td>$h \leqslant 70$</td><td>不大于/1 000h</td></tr>
<tr><td>$70 < h \leqslant 100$</td><td>$\leqslant 70$</td></tr>
<tr><td>$100 < h \leqslant 150$</td><td>$\leqslant 90$</td></tr>
<tr><td>$150 < h \leqslant 200$</td><td>$\leqslant 110$</td></tr>
<tr><td>$h > 200$</td><td>$\leqslant 130$</td></tr>
</table>

续表

序号	项类	项目编号	检查内容及要求	检查结果	结论
44	2.3 结构件安装与连接	2.3.2 导轨阶差	对齿轮齿条式施工升降机，相邻标准节的立柱结合面对接应平直，导轨接点相互错位形成的阶差应满足：吊笼导轨不大于0.8 mm；对重导轨不大于0.5 mm		
			对钢丝绳式施工升降机，导轨接点截面相互错位形成的阶差应不大于1.5 mm		
★45		2.3.3 销轴连接	结构件安装连接采用销轴时，其规格及数量应符合使用说明书或设计的要求。销轴不得有缺件、可见裂纹、严重磨损等缺陷，其轴向定位装置应规范、可靠		
★46		2.3.4 高强度螺栓连接	传动系统、导轨架、附墙架、对重系统、齿条、安全钩及吊杆底座等部位的安装连接应采用高强度螺栓，其性能等级不应低于8.8级，并有相应的性能等级标志。所用高强度螺栓的型号、规格及数量应符合使用说明书的要求，且无缺件、损坏等缺陷。高强度螺栓连接时，应用双螺母或采取其他能防止螺母松动的有效措施，并用扭矩扳手或专用扳手按装配技术要求拧紧，螺杆螺纹部分应露出1～3扣		
47		2.3.5 普通螺栓连接	结构件连接采用普通螺栓时，其规格、型号及数量应符合施工升降机使用说明书或设计方案的要求，且无缺件、损坏等缺陷		

续表

序号	项类	项目编号	检查内容及要求	检查结果	结论
★48	2.3 结构件安装与连接	2.3.6 安装高度	升降机导轨架的安装高度超过设计的最大独立高度时，必须安装附墙架		
			升降机导轨架的实际安装高度不得超过设计规定的最大高度		
★49		2.3.7 附着装置证明	在施工升降机上安装的附墙架应有原制造厂的制造证明。特殊情况，需要另行制造时，应有专业制造厂出具的制造证明，且其资质等级不应低于原制造厂		
★50		2.3.8 附着装置安装连接	附墙架与导轨架标准节和附着物的安装连接必须安全可靠，各连接件如螺栓、销轴等必须齐全，不应缺件或松动。与附墙架相连接的附着物不应有裂纹或损坏。附墙架与附着物之间不得采用膨胀螺栓连接		
★51		2.3.9 附着尺寸参数	导轨架顶端自由高度、最低附着点高度、两相邻附着点间的距离、附着距离均应符合使用说明书的规定。否则必须提供经原制造厂（或专业制造厂）认可的专项方案		
52		2.3.10 附墙架倾斜角	附墙架撑杆平面与附着面的法向夹角不应大于8°		

续表

序号	项类	项目编号	检查内容及要求	检查结果	结论
★53	2.4 停层与吊笼及对重	2.4.1 层门设置	施工升降机各停层处应设置层门，层门应不能向吊笼运行通道一侧开启，层门不应突出到吊笼的升降通道上		
			层门应装设机械锁止装置，层门锁止装置及其附件应安装牢固，且设在人员不易碰触之处		
			施工升降机机械传动层门的开、关过程应由吊笼内乘员操作，不得受吊笼运动的直接控制，且在层门靠建筑物一侧的人员应不能进行层门的开、关操作		
★54		2.4.2 层门尺寸	全高度层门开启后的净高度应≥2.0 m。特殊情况下，当进入建筑物的入口高度小于0.2 m时，层门开启后的净高度应≥1.8 m。层门下部间隙应≤50 mm		
			高度降低的层门高度应≥1.1 m。高度降低的层门两侧应设置高度不小于1.1 m的护栏，护栏的中间高度应设横杆，踢脚板高度应≥100 m。侧面护栏与吊笼的间距应为100～200 mm。层门下部间隙应≤35 mm		
			层门的净宽度与吊笼进出口宽度之差不得大于120 mm		

续表

序号	项类	项目编号	检查内容及要求	检查结果	结论
55	2.4 停层与吊笼及对重	2.4.3 层门强度	对于高度降低的层门，当用 1 kN 的法向力作用到门或侧面护栏顶部的任意一点，用 300 N 的法向力作用在顶杆、中间杆、护脚板任意一点时，门或侧面护栏应：(1) 能够承受且无永久变形；(2) 试验之后工作正常		
56		2.4.4 层门与吊笼门间距	全高度层门与关闭的吊笼门间的水平距离应≤200 mm		
57		2.4.5 层门与吊笼安全距离	高度降低的层门与常工作的吊笼运动部件的安全距离应≥0.85 m；如果施工升降机额定提升速度不大于 0.7 m/s 时，此安全距离应≥0.5 m		
★58		2.4.6 登机平台	登机平台应独立搭设，平台或通道的脚手板铺设应严密、牢固。登机平台正面临边采用硬质材料防护，且防护高度应不低于 1.8 m		
59		2.4.7 吊笼门与平台间距	装载和卸载时，吊笼门框外缘与登机平台边缘之间的水平距离不应大于 50 mm		
★60		2.4.8 笼门联锁	吊笼门应装有机械锁止装置和电气安全开关，且动作灵敏、可靠		
61		2.4.9 对重固定	当对重使用填充物时，应采取措施防止其窜动		

续表

序号	项类	项目编号	检查内容及要求	检查结果	结论
62	2.4 停层与吊笼及对重	2.4.10 缓冲器	施工升降机底架上应设置吊笼和对重用的缓冲器，且安装位置正确，功能正常		
63		2.4.11 越程距离	当吊笼停在完全压缩的缓冲器上时，对重上面的越程余量不应小于 0.5 m		
64	2.5 机构及零部件	2.5.1 齿轮固定	驱动齿轮和防坠安全器齿轮应直接固定在轴上，不能采用摩擦和夹紧的方法连接		
65		2.5.2 齿轮位置	防坠安全器齿轮位置应低于最低的驱动齿轮		
★66		2.5.3 齿轮齿条啮合精度	齿条应全宽度参与啮合，至少应保证有 90% 的计算宽度的啮合。接触长度，沿齿高不应小于 40%，沿齿长不应小于 50%；齿面侧隙应为 0.2 ~ 0.5 mm		
67		2.5.4 钢丝绳数量	齿轮齿条式施工升降机，悬挂对重的钢丝绳不得少于 2 根，且相互独立		
			钢丝绳式施工升降机，提升吊笼的钢丝绳或悬挂吊笼和对重的钢丝绳均不得少于 2 根，且相互独立		
68		2.5.5 钢丝绳型号规格	钢丝绳的型号规格应符合设计要求和标准规范的规定，并有产品检验合格证		
			钢丝绳直径应不小于 9 mm		

续表

<table>
<tr><th>序号</th><th>项类</th><th>项目编号</th><th colspan="3">检查内容及要求</th><th>检查结果</th><th>结论</th></tr>
<tr><td rowspan="9">69</td><td rowspan="9">2.5 机构及零部件</td><td rowspan="9">2.5.6 钢丝绳端部固定</td><td colspan="3">采用楔块、楔套连接时，楔套应用钢材制造。楔套不应有裂纹，楔块不应松动，紧固件齐全。钢丝绳在驱动卷筒上的绳端应用楔形装置固定</td><td></td><td rowspan="9"></td></tr>
<tr><td colspan="3">采用压板固定时，压板数量不应少于 2 个，钢丝绳尾端的固定装置应有防松或自紧的性能</td><td></td></tr>
<tr><td colspan="3">采用金属压制接头固定时，接头不应有裂纹</td><td></td></tr>
<tr><td rowspan="6">采用绳夹固定时，绳夹数量应符合右表规定，绳夹夹座应在钢丝绳长头一边，绳夹的间距不应小于钢丝绳直径的 6 倍。
悬挂吊笼的钢丝绳端部不应采用绳夹固定的方式</td><td>钢丝绳公称直径/mm</td><td>钢丝绳夹最少数量/个</td><td rowspan="6"></td></tr>
<tr><td>≤19</td><td>3</td></tr>
<tr><td>19 ~ 32</td><td>4</td></tr>
<tr><td>32 ~ 38</td><td>5</td></tr>
<tr><td>38 ~ 44</td><td>6</td></tr>
<tr><td>44 ~ 60</td><td>7</td></tr>
</table>

续表

序号	项类	项目编号	检查内容及要求	检查结果	结论
70	2.5 机构及零部件	2.5.7 张力平衡装置	至少在悬挂钢丝绳的一端应设有一个调节装置用来平衡各绳的张力		
71		2.5.8 钢丝绳排列及安全圈数	钢丝绳在卷筒上应排列整齐。卷筒上钢丝绳只允许绕一层；若使用自动绕绳系统，允许绕两层		
			当吊笼停止在最低位置时，留在卷筒上的钢丝绳不应少于3圈		
★72		2.5.9 钢丝绳缺陷	钢丝绳不得编织接长，且不应存有下列缺陷： （1）绳股断裂；（2）扭结；（3）压扁；（4）弯折；（5）波浪形变形；（6）笼状畸变；（7）绳股挤出；（8）钢丝挤出；（9）绳径局部增大；（10）绳径减小，钢丝绳直径相对于公称直径减小达7%或更多；（11）外部腐蚀；（12）内部腐蚀；（13）热力作用损坏；（14）严重断丝，绳端断丝，断丝的局部聚集		
73		2.5.10 滑轮缺陷	滑轮应转动良好，不应存有下列缺陷： （1）裂纹；（2）轮缘破损；（3）绳槽壁厚过度磨损；（4）滑轮槽底过度磨损		
74		2.5.11 卷筒缺陷	卷筒不应存有下列缺陷： （1）裂纹；（2）轮缘破损；（3）卷筒壁厚过度磨损		

续表

序号	项类	项目编号	检查内容及要求	检查结果	结论
75	2.5 机构及零部件	2.5.12 曳引轮缺陷	曳引轮轮槽不应有严重不均匀磨损，磨损不应改变槽形		
★76		2.5.13 制动器缺陷	制动器不应存有下列缺陷： （1）可见裂纹；（2）制动块摩擦衬垫磨损量达原厚度的50%；（3）制动轮表面凹凸不平度达1.5 mm；（4）制动弹簧塑性变形量达到其工作变形量的10%以上；（5）缺件；（6）制动器的助推器漏油；（7）液压制动器漏油		
77	2.6 电源电缆设接地照明	2.6.1 供电系统	施工升降机供电应采用TN-S接零保护系统，供电线路的零线应与施工升降机的接地线严格分开		
78		2.6.2 开关箱	施工升降机必须设置专用的开关箱，开关箱应设在底架附近便于操作的位置。严禁用同一个开关箱直接控制2台或2台以上用电设备（含插座）		
79		2.6.3 手动开关	施工升降机应设有主电路各相绝缘的手动开关，且应设在便于操作之处。开关手柄应为单向打开式，在“关”的位置上可以锁住		
80		2.6.4 电缆敷设	施工升降机供电电缆应采用五芯电缆，所有电缆和电线的布线及安装应能防止机械损伤。电缆在吊笼运动中应自由拖行不受阻碍		

续表

序号	项类	项目编号	检查内容及要求	检查结果	结论
★81	2.6 电源电缆设接地照明	2.6.5 绝缘电阻	电气元件的对地绝缘电阻应≥0.5 MΩ		
			电气线路的对地绝缘电阻应≥1 MΩ		
★82		2.6.6 接地保护	施工升降机金属结构和所有电气设备的金属外壳、导线的金属保护管等均应可靠接地，接地电阻应≤4 Ω；采用重复接地时，其接地电阻应≤10 Ω		
83		2.6.7 吊笼照明	吊笼内应设有永久性的电气照明，只要施工升降机在工作，吊笼内都应有照明		
			装设在阴暗处或夜班作业的施工升降机，应在全行程上装设足够的照明和明亮的楼层编号标志灯		
★84	3.1 安全装置及其性能	3.1.1 吊笼防坠安全装置	齿轮齿条式施工升降机的每个吊笼必须装有渐进式防坠安全器，不允许采用瞬时式安全器		
			钢丝绳式施工升降机的每个吊笼应设置兼有防坠、限速双重功能的防坠安全装置，且应采用速度触发型的防坠安全器。额定提升速度不超过 0.63 m/s 时，可采用瞬时式安全器，否则应采用渐进式安全器		
			防坠安全器的型号规格应与施工升降机的型号规格相匹配		

续表

序号	项类	项目编号	检查内容及要求	检查结果	结论
★85	3.1 安全装置及其性能	3.1.2 对重防坠安全装置	有对重的升降机，当对重质量大于吊笼质量时，应设置对重防坠安全装置或双向安全器		
			当施工升降机有一定施工空间或通道在对重下方时，对重应设置兼有防坠、限速双重功能的防坠安全装置		
★86		3.1.3 安全器封记及使用期限	防坠安全器出厂后动作速度不得随意调整，其速度控制部分应有有效的铅封或漆封		
			防坠安全器只能在有效的标定期限内使用，其有效标定期限不应超过1年		
			防坠安全器的使用寿命不得超过5年		
★87		3.1.4 防脱轨保护	施工升降机应装设防止吊笼驶出导轨的措施。该设施不仅在正常工作时起作用，在安装、拆卸、维修时也应起作用		
			吊笼应装设有效的防脱轨保护装置。当采用安全钩时，最高一对安全钩应处于最低驱动齿轮之下		
			除了导轮或滑靴外，对重应装设有效的防脱轨保护装置，防止对重从导轨上脱出		

续表

序号	项类	项目编号	检查内容及要求	检查结果	结论
★88	3.1 安全装置及其性能	3.1.5 行程限位开关设置	施工升降机的每个吊笼必须设置自动复位型的上、下行程限位开关，且动作可靠。行程限位开关均应由吊笼和相关零件的运动直接触发		
89		3.1.6 防脱轨保护	当额定提升速度小于 0.8 m/s 时，吊笼触发上限位开关后，上部安全距离应不小于 1.8 m		
			当吊笼内装有额定载重量下降时，触板触发下限位开关使吊笼制停，此时触板离触发下极限开关还应有一定行程		
★90		3.1.7 极限开关设置	施工升降机的每个吊笼必须设置非自动复位型的上、下极限开关，且动作可靠		
			极限开关不应与限位开关共用一个触发元件		
91		3.1.8 极限开关安装位置	对齿轮齿条式施工升降机，在正常工作状态下，上极限开关与上限位开关之间的越程距离应不小于 0.15 m		
			对钢丝绳式施工升降机，在正常工作状态下，上极限开关与上限位开关之间的越程距离应不小于 0.5 m		
			下极限开关的安装位置应保证：在正常工作状态下，下极限开关应在吊笼碰到缓冲器之前动作		

续表

序号	项类	项目编号	检查内容及要求	检查结果	结论
92	3.1 安全装置及其性能	3.1.9 减速开关	对于额定提升速度大于 0.7 m/s 的施工升降机，应设有吊笼上、下运行减速开关，其安装位置应保证在吊笼触发上、下行程开关之间动作，使高速运行的吊笼提前减速		
★93		3.1.10 防松绳开关	施工升降机的提升钢丝绳或对重钢丝绳不少于两条且相互独立时，应装有由相对伸长量控制的非自行复位的防松绳开关，且动作应灵敏、可靠		
★94		3.1.11 超载保护	施工升降机应装设超载保护装置，该装置应对吊笼内载荷、吊笼顶部载荷均有效		
★95		3.1.12 急停开关	在吊笼的控制装置（含便携式控制装置）上应装有非自动复位型的急停开关，且动作灵敏、可靠		
★96	4.1 整机性能	4.1.1 空载试验	操作系统、控制系统应灵活、可靠		
			各安全装置应动作灵敏、可靠		
			吊笼应运行平衡，无异常响声，启、制动正常，无制动瞬时滑移现象，在全行程范围内运行无任何障碍		

续表

序号	项类	项目编号	检查内容及要求			检查结果	结论
★97	4.1 整机性能	4.1.2 曳引试验	采用曳引驱动的钢丝绳式施工升降机，其平衡系数应为0.4~0.5				
			当吊笼或对重停在被其重量压缩的缓冲器上时，提升钢丝绳不应松弛；当对重完全压在缓冲器上时，空载吊笼应不能被提升				
★98		4.1.3 额定载荷试验	操作系统、控制系统应灵活、可靠				
			各安全装置应动作灵敏、可靠				
			吊笼应运行平稳，无异常响声，启、制动正常				
★99		4.1.4 坠落试验	防坠安全装置应动作可靠，将吊笼制停				
			防坠安全器动作时，其电气联锁安全开关也应动作				
			升降机结构和各连接部分应无任何损坏和永久变形				
			渐进式防坠安全器的制动距离应符合右侧单元格的规定		制动距离/m		
					0.15~1.40		
					0.25~1.60		
					0.35~1.80		
					0.55~2.00		

第三节　施工升降机安装验收

施工升降机经安装单位自检合格后，应当由有相应资质的检验检测机构监督检验合格。监督检验合格后，使用单位应当组织产权单位（出租单位）、安装单位、监理等有关单位进行验收。验收合格后方可投入使用，未经验收或验收不合格的不得使用。验收内容主要包括技术资料、标识和环境等的验收，如表11-3所示。

表 11-3　建筑起重机械安装验收表

工程名称			工程地址				
施工总承包单位				项目负责人			
使用单位				项目负责人			
安装单位				项目负责人			
起重机械名称		型号规格		备案编号		工地自编号	
检验评定机构名称		检验报告编号		报告签发日期			
序号	验收项目	检查内容与要求		现场和资料是否符合要求			
1	安全运行条件	（1）与周边建（构）筑物、输电线路的安全距离； （2）周边杂物以及机体上堆积杂物和悬挂物的清理； （3）专用配电箱、电缆的安置位置是否恰当； （4）水平吊运作业路线的规定； （5）施工作业人员的安全通道； （6）基础部位的防水、排水设施； （7）作业环境危险部位的安全警示标识		（1） （2） （3） （4） （5） （6） （7）			

续表

序号	验收项目	检查内容与要求	现场和资料是否符合要求
2	落实安全管理责任	(1) 明确起重机械的安全管理部门和管理员，及其安全管理责任； (2) 本台设备管理责任人及其责任； (3) 定期维护保养、顶升加节合同； (4) 安全操作规程； (5) 在机身上显著位置张挂设备管理标牌	(1) (2) (3) (4) (5)
3	安全管理资料	(1) 按规定建立一机一档的安全技术档案； (2) 特种作业人员的上岗资格证； (3) 安全技术交底记录； (4) 各项起重机械安全管理制度（含应急预案及加节、附着装置的验收等制度）	(1) (2) (3) (4)
4	其他资料	(1) 安装单位安装自检表； (2) 安装检验报告； (3) 检验报告中不合格项的整改情况	(1) (2) (3)

续表

验收结论	验收日期：　　年　月　日				
参加验收人员	总承包单位	使用单位	安装单位	设备产权（或出租）单位	监理单位
	专业技术人员（签名）： 项目技术负责人（签名）： 项目负责人（签名）： （公章）	专业技术人员（签名）： 项目技术负责人（签名）： 项目负责人（签名）： （公章）	专项方案编制人（签名）： 专业技术人员（签名）： 项目负责人（签名）： （公章）	负责人（签名）： （公章）	专业监理工程师（签名）： 总监理工程师（签名）：

第十二章　施工升降机的维护保养

第一节　维护保养的意义

为使施工升降机经常处于完好状态和安全运转状态，避免和消除在运转工作中可能出现的故障，提高施工升降机的使用寿命，必须及时正确地做好维护保养工作。

（1）施工升降机工作状态中，经常遭受风吹雨打、日晒的侵蚀，灰尘、砂土的侵入和沉积，如不及时清除和保养，将会加快机械的锈蚀、磨损，使其寿命缩短。

（2）在机械运转过程中，各工作机构润滑部位的润滑油及润滑脂会自然损耗，如不及时补充，将会加重机械的磨损。

（3）机械经过一段时间的使用后，各运转机件会自然磨损，零部件间的配合间隙会发生变化，如果不及时进行保养和调整，磨损就会加快，甚至导致完全损坏。

（4）机械在运转过程中，如果各工作机构的运转情况不正常，又得不到及时的保养和调整，将会导致工作机构完全损坏，大大缩短施工升降机的使用寿命。

第二节　维护保养的方法

维护保养一般采用“清洁、紧固、调整、润滑、防腐”等方法，通常简称为“十字作业”法。

1. 清洁

清洁是指对机械各部位的油泥、污垢、尘土等进行清除等工作。目的是减少部件的锈蚀，运动零件的磨损，保持良好的散热和为检查提供良好的观察效果等。

2. 紧固

紧固是指对连接件进行检查紧固等工作。机械运转中产生的振动，容易使连接件松动，如不及时紧固，不仅可能产生漏油、漏电等，还会出现有些关键部位的连接松动，轻者导致零件变形，重者会出现零件断裂、分离，甚至导致机械事故。

3. 调整

调整是指对机械零部件的间隙、行程、角度、压力、松紧、速度等及时进行检查调整，以保证机械的正常运行。尤其是要对制动器、减速机等关键机构进行适当调整，确保其灵活可靠。

4. 润滑

润滑是指按照规定和要求，选用并定期加注或更换润滑油，以保持机械运动零件间的良好运动，减少零件磨损。

5. 防腐

防腐是指对机械设备和部件进行防潮、防锈、防酸等处理，防止机械零部件和电气设备被腐蚀损坏。最常见的防腐保养是对机械外表进行补漆或涂上油脂等防腐涂料。

第三节　维护保养的安全注意事项

在进行施工升降机的维护保养和维修时，应注意以下安全事项：

（1）应切断施工升降机的电源，拉下吊笼内的极限开关，防止吊笼被意外启动或发生触电事故。

（2）在维护保养和维修过程中，不得承载无关人员或装载物料，同时悬挂检修停用警示牌，禁止无关人员进入检修区域内。

（3）所用的照明行灯必须采用 36 V 以下的安全电压，并检查行灯导线、防护罩，确保照明灯具使用安全。

（4）应设置监护人员，随时注意维修现场的工作状况，防止安全事故发生。

（5）检查基础或吊笼底部时，应首先检查制动器是否可靠，同时切断电动机电源。采取将吊笼用木方支起等措施，防止吊笼或对重突然下降伤害维修人员。

（6）维护保养和维修人员必须佩戴安全帽；高处作业时，应穿防滑鞋，系安全带。

（7）维护保养后的施工升降机，应进行试运转，确认一切正常后，方可投入使用。

第四节 维护保养的内容

一、施工升降机维护保养的种类

施工升降机的维护保养可以分为以下三种：

1. 日常维护保养

日常维护保养，又称为例行保养，是指在设备运行的前、后和运行过程中的保养作业。日常维护保养由设备操作人员进行。

2. 定期维护保养

月度、季度及年度的维护保养，以专业维修人员为主，设备操作人员配合进行。

3. 特殊维护保养

施工机械除日常维护保养和定期维护保养外，在转场、闲置等特殊情况下还需进行特殊维护保养。

（1）转场保养：在施工升降机转移到新工地安装使用前，需进行一次全面的维护保养，保证施工升降机状况完好，确保安装、使用安全。

（2）闲置保养：施工升降机在停放或封存期内，至少每月进行一次保养，重点是清洁和防腐，由专业维修人员进行。

二、施工升降机维护保养的内容

1. 日常维护保养的内容

每班开始工作前，应当进行检查和维护保养，包括目测检查和功能测试，有严重情况的应当报告有关人员进行停用、维修，检查和维护保养情况应当及时记入交接班记录。检查一般应包括以下内容：

（1）电气系统与安全装置

1）检查线路电压是否符合额定值及其偏差范围；

2）机件有无漏电；

3）限位装置及机械电气联锁装置工作是否正常、灵敏可靠。

（2）制动器

检查制动器性能是否良好，能否可靠制动。

（3）标牌

检查机器上所有标牌是否清晰、完整。

（4）金属结构

1）检查施工升降机金属结构的焊接点有无脱焊及开裂；

2）附墙架固定是否牢靠；

3）停层过道是否平整；

4）防护栏杆是否齐全；

5）各部件连接螺栓有无松动。

（5）导向滚轮装置

1）检查侧滚轮、背轮、上下滚轮部件的定位螺钉和紧固螺栓有无松动；

2）滚轮是否能转动灵活，与导轨的间隙是否符合规定值。

（6）对重及其悬挂钢丝绳

1）检查对重运行区内有无障碍物，对重导轨及其防护装置是否正常完好；

2）钢丝绳有无损坏，其连接点是否牢固可靠。

（7）地面防护围栏和吊笼

1）检查围栏门和吊笼门是否启闭自如；

2）通道区有无其他杂物堆放；

3）吊笼运行区间有无障碍物，笼内是否保持清洁。

(8) 电缆和电缆引导器

1) 检查电缆是否完好无破损；

2) 电缆引导器是否可靠有效。

(9) 传动、变速机构

1) 检查各传动、变速机构有无异响；

2) 蜗轮箱油位是否正常，有无渗漏现象。

(10) 润滑系统有无泄漏

检查润滑系统有无漏油、渗油现象。

2. 月度维护保养的内容

月度维护保养除按日常维护保养的内容和要求进行外，还要按照以下内容和要求进行。

(1) 导向滚轮装置

检查滚轮轴支承架紧固螺栓是否可靠紧固。

(2) 对重及其悬挂钢丝绳

1) 检查对重导向滚轮的紧固情况是否良好；

2) 天轮装置工作是否正常可靠；

3) 钢丝绳有无严重磨损和断丝。

(3) 电缆和电缆导向装置

1) 检查电缆支承臂和电缆导向装置之间的相对位置是否正确；

2) 导向装置弹簧功能是否正常；

3) 电缆有无扭曲、破坏。

(4) 传动、减速机构

1) 检查机械传动装置安装紧固螺栓有无松动，特别是提升齿轮副的紧固螺钉有无松动；

2) 电动机散热片是否清洁，散热功能是否良好；

3) 减速器箱内油位有无降低。

（5）制动器

检查试验制动器的制动力矩是否符合要求。

（6）电气系统与安全装置

1）检查吊笼门与围栏门的电气机械联锁装置，上、下限位装置，吊笼单行门、双行门联锁等装置性能是否良好；

2）导轨架上的限位挡铁位置是否正确。

（7）金属结构

1）重点察看导轨架标准节之间的连接螺栓是否牢固；

2）附墙结构是否稳固，螺栓有无松动，表面防护是否良好，有无脱漆和锈蚀，构架有无变形。

3. 季度维护保养的内容

季度维护保养除按月度维护保养的内容和要求进行外，还要按照以下内容和要求进行。

（1）导向滚轮装置

1）检查导向滚轮的磨损情况；

2）确认滚珠轴承是否良好，是否有严重磨损，调整与导轨之间的间隙。

（2）检查齿条及齿轮的磨损情况

1）检查提升齿轮的磨损情况，检测其磨损量是否大于规定的最大允许值；

2）用塞尺检查蜗轮减速器的蜗轮磨损情况，检测其磨损量是否大于规定的最大允许值。

（3）电气系统与安全装置

在额定负载下进行坠落试验，检测防坠安全器的性能是否可靠。

4. 年度维护保养的内容

年度维护保养应全面检查各零部件，除按季度维护保养的内容和要求进行外，还要按照以下内容和要求进行。

（1）传动、减速机构：检查驱动电机和蜗轮减速器、联轴器结合是否良好，传动是否安全可靠。

（2）对重及其悬挂钢丝绳：检查悬挂对重的天轮装置是否牢固可靠，天轮轴承磨损程度，必要时应调换轴承。

（3）电气系统与安全装置：复核防坠安全器的出厂日期，对超过标定年限的，应由具有相应资质的检测机构重新进行标定，合格后方可使用。此外，在进入新的施工现场使用前应按规定进行坠落试验。

第五节　施工升降机的润滑

施工升降机在新机安装后，应当按照产品说明书中的要求进行润滑，说明书没有明确规定的，使用满 40 h 后应清洗并更换蜗轮减速箱内的润滑油，以后每隔半年更换一次。蜗轮减速箱的润滑油应按照铭牌上的标注进行润滑。对于其他零部件的润滑，当生产厂家无特殊要求时，可参照以下说明进行：

（1）SC 型施工升降机主要零部件的润滑周期、部位和润滑方法，见表 12-1。

表 12-1　SC 型施工升降机主要零部件润滑

周期	润滑部位	润滑剂	润滑方法
每月	减速箱	N320 蜗轮润滑油	检查油位，不足时加注
	齿条	2 号钙基润滑脂	上润滑脂时升降机降下并停止使用 2 ~ 3 h，使润滑脂凝结

续表

周期	润滑部位	润滑剂	润滑方法
每月	安全器	2 号钙基润滑脂	油嘴加注
	对重绳轮	钙基脂	加注
	导轨架导轨	钙基脂	刷涂
	门滑道、门对重滑道	钙基脂	刷涂
	对重导向轮、滑道	钙基脂	刷涂
	滚轮	2 号钙基润滑脂	油嘴加注
	背轮	2 号钙基润滑脂	油嘴加注
	门导轮	20 号齿轮油	滴注
每季度	电机制动器锥套	20 号齿轮油	滴注，切勿滴到摩擦盘上
	钢丝绳	沥青润滑脂	刷涂
	天轮	钙基脂	油嘴加注
每年	减速箱	N320 蜗轮润滑油	清洗、换油

（2）SS 型施工升降机主要零部件的润滑周期、部位和润滑方法，见表 12-2。

表 12-2　SS 型施工升降机主要零部件润滑

周期	润滑部位	润滑剂	润滑方法
每周	滚轮	润滑脂	涂抹
	导轨架导轨	润滑脂	涂抹
每月	减速箱	30 号机油（夏季），20 号机油（冬季）	检查油位，不足时加注
	轴承	ZC—4 润滑脂	加注
	钢丝绳	润滑脂	涂抹
每年	减速箱	30 号机油（夏季），20 号机油（冬季）	清洗，更换
	轴承	ZC—4 润滑脂	清洗，更换

第十三章　施工升降机常见故障和排除方法

施工升降机在使用过程中发生故障的原因有很多，主要是因为工作环境恶劣、维护保养不及时、操作人员违章作业和零部件的自然磨损等。施工升降机发生异常时，操作人员应立即停止作业，及时向有关人员报告，消除隐患，恢复正常工作。

施工升降机常见的故障一般分为电气故障和机械故障两种。

第一节　施工升降机常见的电气故障和排除方法

SC 型施工升降机常见的电气故障和排除方法见表 13-1。

表 13-1　SC 型施工升降机常见的电气故障和排除方法

序号	故障现象	常见故障原因	故障排除方法
1	总电源开关跳闸	电路短路或相线对地短接	找出电路短路或接地的位置，修复或更换
2	按启动按钮后吊笼不运行	联锁电路开路	1. 关闭门或释放紧急按钮； 2. 检查联锁电路

续表

序号	故障现象	常见故障原因	故障排除方法
3	电机启动困难，并有异常响声	1. 电机制动器未打开或无直流电压（整流元件损坏）； 2. 严重超载； 3. 供电电压远低于380 V	1. 恢复制动器功能（调整工作间隙）或恢复直流电压（更换整流元件）； 2. 减少吊笼载荷； 3. 待供电电压恢复380 V再启动
4	吊笼运行时上、下限位失灵	1. 上、下限位开关损坏； 2. 上、下限位开关碰铁移位	1. 更换上、下限位开关； 2. 调整限位开关碰铁位置
5	电机通电不稳定	1. 线路接触不良或接线端子有松动； 2. 接触器粘连或复位受阻	1. 恢复线路接触良好，紧固接线端子； 2. 修复或更换接触器
6	吊笼运行时有自停现象	1. 门电气联锁开关接触不良或损坏； 2. 控制装置（按钮、手柄）接触不良或损坏	1. 修复或更换门电气联锁开关； 2. 修复或更换控制装置（按钮、手柄）
7	接触器易烧坏	供电电压过大，启动电流过大	1. 缩短供电电源与施工升降机的距离； 2. 加大供电电缆的截面
8	电机容易过热	1. 制动器不同步； 2. 长时间超载运行； 3. 启、制动过于频繁； 4. 供电电压过低	1. 调整或更换制动器； 2. 减少载荷； 3. 适当调整运行频次； 4. 调整供电电压

第二节　施工升降机常见的机械故障和排除方法

SC 型施工升降机常见的机械故障和排除方法见表 13-2。

表 13-2　SC 型施工升降机常见的机械故障和排除方法

序号	故障现象	常见故障原因	故障排除方法
1	吊笼运行时忽然自行停住	1. 超载； 2. 门有开关动作； 3. 突然断电	1. 减少吊笼载荷； 2. 门关好； 3. 及时送电
2	吊笼运行时震动过大	1. 滚轮螺栓松动； 2. 齿轮齿条的啮合间隙过大； 3. 导轮与齿条背的间隙过大； 4. 齿轮、齿条啮合缺少润滑油	1. 紧固滚轮螺栓； 2. 调整齿轮齿条的啮合间隙； 3. 调整导轮与齿条背的间隙； 4. 添加润滑油
3	吊笼启动或停止时有跳动	1. 电机制动力矩过大； 2. 电机与减速箱之间联轴器内橡胶块损坏； 3. 制动器间隙调整不当或动作时间调整不当	1. 调整电机制动力矩； 2. 更换电机与减速箱之间联轴器内的橡胶块； 3. 调整制动器间隙或动作时间
4	吊笼运行时电机跳动	1. 电机的固定装置松动； 2. 电机的橡胶垫损坏或掉落； 3. 减速箱与传动大板的连接螺栓松动	1. 紧固电机的固定装置； 2. 更换电机的橡胶垫； 3. 紧固减速箱与传动大板的连接螺栓

续表

序号	故障现象	常见故障原因	故障排除方法
5	吊笼运行时有跳动	1. 标准节立管对接阶差大； 2. 标准节齿条螺栓松动，齿条对接阶差大； 3. 小齿轮严重磨损	1. 调小立管对接阶差； 2. 紧固齿条螺栓，调小齿条对接阶差； 3. 更换全部小齿轮
6	吊笼运行时有摆动	1. 滚轮螺栓松动； 2. 支撑板螺栓松动	1. 紧固滚轮螺栓； 2. 紧固支撑板螺栓
7	制动器噪声大	1. 制动器止退轴承损坏； 2. 制动器转动盘摆动	1. 更换制动器止退轴承； 2. 调整或更换转动盘
8	吊笼启、制动时振动过大	1. 电机制动力矩过大； 2. 齿轮齿条间隙、滚轮与立管间隙不正确	1. 调整电机制动力矩，适当放松电机尾部调节套； 2. 调整齿轮齿条间隙、滚轮与立管间隙
9	吊笼制动时下滑距离过长	1. 电机制动力矩太小； 2. 制动块（制动盘）严重磨损	1. 调整电机制动力矩，适当拧紧电机尾端调节套； 2. 更换制动块（制动盘）
10	减速机有异常的不稳定的运转噪声	1. 油已污染； 2. 油量不足	1. 更换润滑油； 2. 添加润滑油
11	减速机有异常的稳定的运转噪声	1. 轴承损坏； 2. 传动零件损坏	1. 更换轴承； 2. 更换传动零件
12	减速机输出轴不转，但电机转动	减速机轴键连接被破坏	更换轴或键

续表

序号	故障现象	常见故障原因	故障排除方法
13	制动块磨损过快	制动器止退轴承内润滑不良，不能同步工作	润滑或更换轴承
14	减速机蜗轮磨损过快	1. 润滑油型号不正确或未按时换油； 2. 蜗轮、蜗杆中心距安装不当	1. 更换润滑油； 2. 按要求调整蜗轮、蜗杆中心距

第十四章　施工升降机事故案例分析与应急处理

第一节　案例分析

[案例一]

2018 年 9 月 5 日，某小区工地发生一起重大事故，一台 SCD200/200 型施工升降机西侧吊笼突然从 11 层楼坠落，吊笼内 18 名作业人员（含升降机操作工）随吊笼坠落至地，共造成 12 人死亡（当场死亡 4 人、经抢救无效死亡 8 人）、6 人受伤。

（一）事故经过

该工程为一栋 35 层高层住宅楼，当日施工升降机西侧吊笼从地面送料上行至第 33 层卸料后，下行逐层搭乘工人。至第 26 层时共载 18 人（含司机）和一辆手推车，该层工人关门后司机还没启动开机吊笼即自行下滑，司机即按下紧急按钮，但吊笼未能制动，反而加速坠地，结果造成 12 人死亡（当场死亡 4 人、经抢救无效死亡 8 人）、6 人受伤。

（二）事故原因分析

1. 电磁制动器的制动力矩不足

送检测结果表明，西侧吊笼的两台电磁制动器的摩擦片磨损严重，且两台电磁制动器的制动力矩实际总制动力矩远小于使用说明书规定的额定总制动力矩。事故发生时，西侧吊笼实际总制动力矩所能承受的净载荷仅为 1 058 kg。当该吊笼在 23 层又进入 4 人时，吊笼净载荷达到 1 335 kg，超过了现有制动力矩的承载能力，导致吊笼失控坠落。制动器制动力矩不足是本次事故技术方面的起因。

2. 传动板上未设置齿轮防脱轨挡块

该施工升降机传动板于 1999 年生产，吊笼上虽设置了安全钩抱住导轨架立柱，但安全钩与立柱的水平间隙较大，不能有效防止安全器输出端齿轮脱离齿条，而且坠落吊笼的传动板上未设置防脱轨挡块，在吊笼坠落时，背轮轴被安全器齿轮传来的水平冲击力剪断，防坠落输出端齿轮失去水平约束而脱轨。传动板未设置齿轮防脱轨挡块是吊笼坠落的主要技术原因。

3. 更换了规格不当的螺栓轴

查阅使用说明书可知，背轮轴原为杆径 ϕ20、8. 8 级高强度内六角螺栓，实际使用了外形相近的杆径 ϕ18、强度 4. 8 级的内六角螺栓代替。采用存在构造缺陷、普通材料的内六角螺栓充当背轮轴，是事故发生的重要技术原因。

4. 设备管理水平低下

（1）设备安装人员在安装前将其他施工升降机的吊笼随意调换到本机上使用，使存在问题的吊笼投入现场使用。

（2）维护保养不到位。在背轮轴损坏或丢失后，维修人员未仔细检查，就随意用普通材料的内六角螺栓代替 8. 8 级高强度螺栓作为背轮轴，大大降低了其承载能力。现场设备安装不当、维修人员责任心差、技术水平低是本次事故的重要原因。

（三）事故教训

1. 安装施工升降机前应进行全面深入检查

（1）施工升降机应有各种文件：进入现场使用的施工升降机

应带有产品生产许可证、出厂合格证、使用说明书、主要部件合格证等文件资料。操作人员应持有有效上岗证，方可进行操作。

（2）应检查设备是否完好：

1）钢结构主要有导轨架、吊笼、附着杆系等，应检查是否有导致承载能力下降的变形、焊缝有否裂纹等。发现存在严重问题的部件不得使用，并及时更换合格的部件。发现存在一般问题也应及时整改。

2）传动装置主要有电磁制动器——电动机，应检查电动机启动、制动是否正常，并按使用说明书中说明的方法检测制动力矩是否达到规定数值，并及时调试。

3）安全保护装置主要有防坠安全器、行程开关等。防坠安全器应及时送往具有专业资质的检测机构进行检测。吊笼内的上、下限位行程开关调试位置应准确，断电可靠。

4）背轮及防脱轨装置。背轮轴不得采用市场上的普通螺栓代替，而应到设备原厂家购买专用高强度螺栓轴或销轴进行更换。不得使用未设置防脱轨挡块的传动板。

2. 在日常使用中应进行严格管理

在设备日常使用中，应建立多层次的设备安全专项管理网络，由使用单位、租赁公司共同组建安全督察小组，对设备定期进行检查，并对存在的安全隐患及时维修、整改，由检查责任人填写并签署日常检查、维修记录。现场专职设备管理人员应通过学习提高职业责任心，并逐渐提高自身的专业技术水平，才能在日常生产中进行行之有效的安全管理。

［案例二］

2020 年 5 月 20 日下午，某施工项目部在未安装调试到位的情况下启用了施工升降机，发生一起施工升降机吊笼坠落事故，造成 3 人死亡。

（一） 事故经过

该工程地下 1 层、地上 20 层，为现浇框筒结构，建筑面积 3.6 万 m^2，事故发生时已完成 9 层结构施工。2020 年 5 月 20 日下午，该工程发生一起施工升降机吊笼坠落事故，死亡 3 人，这是一起典型的人为责任事故。

因施工需要，该工程项目部向某建筑机械租赁公司租赁了 1 台 SCD200/200A 型双笼施工升降机，由具有安装资质的租赁公司（以下简称安装单位）自行安装。由于时间紧迫，安装单位在尚未制订安装方案，也未向工人进行安全技术交底的情况下，就派出无上岗资格证的安装工人到场安装。至 5 月 15 日，该施工升降机导轨架安装到 28.8 m（19 节标准节）高度，并在建筑结构 2 层、5 层楼板面分别设置两道附着装置，但上行程开关曲臂未固定，上极限限位撞块（开关板）、天轮架、天轮、对重均未安装，安装单位未对施工升降机进行全面检查，亦未办理验收手续，即于 5 月 16 日向工程项目部出具了工作联系单，声明“安装验收完毕，交付贵项目使用，并于即日起开始收取租赁费”。5 月 20 日下午，由无证上岗操作的女司机开动该施工升降机的一个吊笼载 3 名工人驶向 6 楼，吊笼运行超出导轨架顶后从高空倾翻坠落，吊笼内 3 人当场死亡。

（二） 事故原因分析

（1）使用时施工升降机上行程限位和上极限限位撞块均未安装，使上行程限位和上极限限位功能失效。

（2）安装单位未制订安装方案和安全技术措施、未进行安全技术交底、未落实严格的安装验收手续，在安装尚未结束的情况下就交付使用。

（3）安装单位安排无证人员安装设备。

(4) 设备使用单位未履行安装后交接验收手续，就启用设备。

(5) 监理单位对尚未安装结束的施工升降机投入使用的行为未进行制止。

(6) 施工升降机司机无证上岗违章操作。

(三) 事故预防和教训

设备安装、使用单位内部管理混乱，企业领导安全意识淡薄，不遵守有关安全的法律法规，导致事故发生。

(1) 安装单位未制订安装方案和安全技术措施，也未进行安全技术交底，并安排无上岗资格证人员安装设备。施工升降机上行程限位和上极限限位撞块均未安装，导致上行程限位和上极限限位功能失效。设备安装后也未进行必要的检查、试验和验收，就将设备交付给使用单位，并出具书面通知自称已安装验收完毕。安装单位的行为违反了《建设工程安全生产管理条例》第十七条中“施工起重机械……安装完毕后，安装单位应当自检，出具自检合格证明，并向施工单位进行安全使用说明，办理验收手续并签字”的规定。

(2) 设备使用单位未组织出租单位、安装单位、监理单位等共同进行验收即启用设备，违反了《建设工程安全生产管理条例》第三十五条中“施工单位在使用施工起重机械……前，应当组织有关单位进行验收”的规定。

(3) 设备使用单位安排无证人员操作施工升降机，违反了《建筑起重机械安全监察管理规定》第二十五条“建筑起重机械安装拆卸工、起重信号工、起重司机、司索工等特种作业人员应当经建设主管部门考核合格，并取得特种作业操作资格证后，方可上岗作业”的规定。

第二节　应急处理

由于工地情况复杂，作为露天使用的施工升降机更容易受到周围突发因素和渐发因素的影响，所以司机在操作吊笼上下行驶的时候，要时刻保持清醒与警惕。平时吊笼的启动、停止都不要急忙、慌张，要养成一套按程序操作的习惯。当发生紧急情况时，一定要保持冷静并且作出相应的反应。

（1）吊笼运行时，工地突然断电的应急处理

在运行过程中如果发生工地断电或其他意外导致吊笼停止在空中，大多数情况下将“上不着天，下不着地”——吊笼不处于任何一个层门处，此时司机可以根据情况决定是否采取手工下降。首先关闭电源开关，防止忽然来电。使用笼内小梯打开天窗上至笼顶处，将电机尾部的手动释放手柄缓缓拉出，先拉一个电机，如不能下滑，则拉两个电机，吊笼将下降。注意：不要贪图省力，而使用垫块等物卡住手柄的回程。每下降 10 ~ 20 m 后松手停止下降，待电机刹车片降温后（至少 1 min 以上），再继续重复下降过程。当到达最近一个层门站时，必须先疏散所有人员或卸去运载物件，然后再重复下降，直至地面。

司机进行手动下降时，一定要认真仔细，若需要探头越过围栏观察下面情况，必须先停止下滑。全过程中还要注意下滑速度不要太快，因为如果超过额定速度，吊笼里的限速安全器就会发生动作。

（2）吊笼在高处停止时自行下滑的应急处理

高空处的吊笼在上了若干人员、装载了一些物料后忽然自行向下滑行，这种情况也可能发生在上行后停止在某层时，司机必

须意识到下滑速度会越来越快，并将演变成坠落。此时应保持冷静，迅速按下“急停”按钮。如果吊笼没有停止住仍旧向下滑行，则应立即将“急停”按钮复位，把操作手柄转至“下行”，也就是开动吊笼向下“正常运行”，电动机如能工作，则直开至地面。如果电动机无反应，则人工已无法进行干预了，此时，限速安全器将会在下坠速度超过规定速度后立即动作，制动住吊笼。

造成吊笼自行下滑的原因是电动机的制动力矩太小，或者制动块、制动盘已经磨损过度，或者制动盘面被油污染，以及超载。

在下滑时，即使司机不采取任何措施，安全器也会制停吊笼，但从下滑开始至安全器动作仍有一小段时间，应争取在安全器动作之前尝试上述步骤以控制吊笼。而且如果安全器发生动作，会对吊笼笼体、背轮和导轨架产生一定冲击，有可能会发生其他意外。因此司机在下滑发生时，不能因为惊恐或相信安全器而不作反应、眼睁睁地任由吊笼下滑。

（3）发现对重出轨的应急处理

在安装有对重的吊笼上，司机在运行中发现对重脱出其运行的对重轨道时，应停止住吊笼，并通知另一吊笼也暂停工作（同样，如果发现是另一吊笼的对重出轨，自己也应暂停工作）。小心向上升起吊笼，在最近的停层站将人员疏散，继续向上升起吊笼，将对重逐渐放回至地面，然后由地面维修人员进行复位处理。

（4）吊笼发生火灾的应急处理

当吊笼在运行中突然遇到电气设备或货物发生燃烧，司机应立即停止施工升降机的运行，及时切断电源，并用随机备用的灭火器来灭火。然后及时报告有关部门负责人，抢救伤员并疏散所有人员。

使用灭火器时要注意，在电源没有切断之前，应使用1211灭火器、干粉灭火器、二氧化碳灭火器等来灭火。待电源切断后，方可使用酸碱灭火器、泡沫灭火器等来灭火。

参考文献

［1］住房和城乡建设部工程质量安全监管司．施工升降机司机［M］．北京：中国建筑工业出版社，2010.

［2］广东省建筑安全协会．广东省建筑施工安全操作教育系列片［M］．广东：广东海燕电子音像出版社，2009.

［3］中国国家标准化管理委员会．吊笼有垂直导向的人货两用施工升降机：GB/T 26557—2005［M］．北京：中国标准出版社，2005.

［4］中国国家标准化管理委员会．施工升降机：GB/T 10054—2011［M］．北京：中国标准出版社，2011.

［5］中国国家标准化管理委员会．施工升降机安全规程：GB 10055—2007［M］．北京：中国标准出版社，2007.

［6］中华人民共和国建设部．施工升降机齿轮锥毂形渐进式防坠安全器：JG 121—2000［M］．北京：中国标准出版社，2000.

［7］中国国家标准化管理委员会．起重机　钢丝绳　保养、维护、安装、检验和报废：GB/T 5972—2009［M］．北京：中国标准出版社，2010.

［8］中华人民共和国住房和城乡建设部．建筑施工升降机安装、使用、拆卸安全技术规程：JGJ 215—2010［M］．北京：中国建筑工业出版社，2010.

［9］中华人民共和国住房和城乡建设部．建筑施工安全检查标准：JGJ 59—2011［M］．北京：中国建筑工业出版社，2012.

[10] 中国国家标准化管理委员会．安全标志及其使用导则：GB 2894—2008［M］．北京：中国标准出版社，2009.

[11] 国家《特种作业人员安全技术培训大纲及考核标准》起草小组．起重指挥司索工［M］．北京：中国劳动社会保障出版社，2004.

[12]《机械设计手册》联合编写组．机械设计手册［M］．北京：化学工业出版社，1991.

[13] 中华人民共和国建设部．施工现场临时用电安全技术规范：JGJ 46—2005［M］．北京：中国建筑工业出版社，2005.

附录一 建筑施工特种作业人员安全技术考核大纲（试行）（摘录）

9 建筑起重机械安装拆卸工（施工升降机）安全技术考核大纲（试行）

9.1 安全技术理论

9.1.1 安全生产基本知识

1 了解建筑安全生产法律法规和规章制度

2 熟悉有关特种作业人员的管理制度

3 掌握从业人员的权利义务和法律责任

4 掌握高处作业安全知识

5 掌握安全防护用品的使用

6 熟悉安全标志、安全色的基本知识

7 了解施工现场消防知识

8 了解现场急救知识

9 熟悉施工现场安全用电基本知识

9.1.2 专业基础知识

1 熟悉力学基本知识

2 了解电工基本知识

3　掌握机械基本知识

4　了解液压传动知识

5　了解钢结构基础知识

6　熟悉起重吊装基本知识

9.1.3　专业技术理论

1　了解施工升降机的分类、性能

2　熟悉施工升降机的基本技术参数

3　掌握施工升降机的基本构造和工作原理

4　熟悉施工升降机主要零部件的技术要求及报废标准

5　熟悉施工升降机安全保护装置的构造、工作原理

6　掌握施工升降机安全保护装置的调整（试）方法

7　掌握施工升降机的安装、拆除的程序、方法

8　掌握施工升降机安装、拆除的安全操作规程

9　掌握施工升降机主要零部件安装后的调整（试）

10　熟悉施工升降机维护保养要求

11　掌握施工升降机安装自检的内容和方法

12　了解施工升降机安装、拆卸常见事故原因及处置方法

9.2　安全操作技能

9.2.1　掌握施工升降机安装、拆卸前的检查和准备

9.2.2　掌握施工升降机的安装、拆卸工序和注意事项

9.2.3　掌握主要零部件的性能及可靠性的判定

9.2.4　掌握防坠安全器动作后的检查与复位处理方法

9.2.5　掌握常见故障的识别、判断

9.2.6　掌握紧急情况处置方法

附录二　建筑施工特种作业人员安全操作技能考核标准（试行）（摘录）

9　建筑起重机械安装拆卸工（施工升降机）安全操作技能考核标准（试行）

9.1　施工升降机的安装和调试

9.1.1　考核设备和器具

1　导轨架底节、标准节（导轨架）6节、附着装置1套，吊笼1个；

2　辅助起重设备；

3　扳手1套、扭力扳手、安全器复位专用扳手、经纬仪、线柱小撬棒2根、道木4根、塞尺、计时器；

4　个人安全防护用品。

9.1.2　考核方法

每5位考生一组，在辅助起重设备的配合下，完成以下作业：

1　安装标准节（导轨架）和一道附着装置，并调整其垂直度；

2　安装吊笼，并对就位的吊笼进行手动上升操作，调整滚轮及背轮的间隙；

3　防坠安全器动作后的复位调整。

9.1.3　考核时间：240 min。具体可根据实际模拟情况调整。

9.1.4　考核评分标准

满分70分。考核评分标准见表1，考核得分即为每个人得分，各项目所扣分数总和不得超过该项应得分值。

表1　施工升降机安装和调试考核评分标准

序号	项目	扣分标准	应得分值
1	架体、吊笼安装及垂直度的调整	螺栓紧固力矩未达标准的，每处扣2分	10
2		导轨架垂直度未达标准的，扣10分	10
3		未按照工艺流程安装的，扣15分	15
4	吊笼滚轮及背轮间隙的调整	滚轮间隙调整未达标准的，每处扣4分	4
5		背轮间隙调整未达标准的，每处扣4分	4
6		手动下降未达要求的，扣2分	2
7		未按照工艺流程操作的，扣15分	15
8	防坠安全器复位调整	复位前未对升降机进行检查的，扣3分	3
9		复位前未上升吊笼使离心块脱档的，扣5分	5
10		复位后指示销未与外壳端面平齐的，扣2分	2
合计			70

9.2　故障识别判断

9.2.1　考核器具

1　设置故障的施工升降机或图示、影像资料；

2　其他器具：计时器1个。

9.2.2　考核方法

由考生识别判断施工升降机或图示、影像资料设置的两个故障。

9.2.3　考核时间：10 min。

9.2.4　考核评分标准

满分10分。在规定时间内正确识别判断的，每项得5分。

9.3　零部件判废

9.3.1　考核器具

1　施工升降机零部件实物或图示、影像资料（包括达到报废标准和有缺陷的）；

2　其他器具：计时器1个。

9.3.2　考核方法

从施工升降机零部件实物或图示、影像资料中随机抽取2件（张），由考生判断其是否达到报废标准并说明原因。

9.3.3　考核时间：10 min。

9.3.4　考核评分标准

满分10分。在规定时间内正确判断并说明原因的，每项得5分；判断正确但不能准确说明原因的，每项得3分。

9.4　紧急情况处置

9.4.1　考核器具

1　设置施工升降机电动机制动失灵、突然断电、对重出轨等紧急情况或图示、影像资料；

2　其他器具：计时器1个。

9.4.2　考核方法

由考生对施工升降机电动机制动失灵、突然断电、对重出轨等紧急情况或图示、影像资料中所示的紧急情况进行描述，并口述处置方法。对每个考生设置一种。

9.4.3　考核时间：10 min。

9.4.4　考核评分标准

满分10分。在规定时间内对存在的问题描述正确并正确叙述处置方法的，得10分；对存在的问题描述正确，但未能正确叙述处置方法的，得5分。

附录三 起重机 钢丝绳 保养、维护、安装、检验和报废（GB/T 5972—2016）（摘录）

6 报废基准

6.1 总则

当缺少起重机制造商和/或钢丝绳制造商或供货商提供的有关钢丝绳的使用说明时，钢丝绳的报废基准应符合6.2～6.6的规定（有关信息参见附录E）。

由于劣化通常是钢丝绳同一位置不同劣化模式综合作用的结果，主管人员应进行“综合影响”评估，附录F提供了一种方法。

只要发现钢丝绳的劣化速度有明显的变化，就应对其原因展开调查，并尽可能地采取纠正措施。情况严重时，主管人员可以决定报废钢丝绳或修正报废基准，例如减少允许可见断丝数量。

在某些情况下，超长钢丝绳中相对较短的区段出现劣化，如果受影响的区段能够按要求移除，并且余下的长度能够满足工作要求，主管人员可以决定不报废整根钢丝绳。

6.2 可见断丝

6.2.1 可见断丝报废基准

不同种类可见断丝的报废基准应符合表2的规定。

表2　可见断丝报废基准

序号	可见断丝的种类	报废基准
1	断丝随机地分布在单层缠绕的钢丝绳经过一个或多个钢制滑轮的区段和进出卷筒的区段，或者多层缠绕的钢丝绳位于交叉重叠区域的区段[a]	单层和平行捻密实钢丝绳见表3，阻旋转钢丝绳见表4
2	在不进出卷筒的钢丝绳区段出现的呈局部聚集状态的断丝	如果局部聚集集中在一个或两个相邻的绳股，即使 $6d$ 长度范围内的断丝数低于表3和表4的规定值，可能也要报废钢丝绳
3	股沟断丝[b]	在一个钢丝绳捻距（大约为 $6d$ 的长度）内出现两个或更多断丝
4	绳端固定装置处的断丝	两个或更多断丝

a 典型实例参见图 B. 13。
b 典型实例参见图 7 和图 B. 14。

6. 2. 2　表 3 和表 4 的使用以及钢丝绳的类别编号

对附录 G 中的单层钢丝绳或平行捻密实钢丝绳，根据其相应的钢丝绳类别编号（RCN）在表 3 中读取 $6d$ 和 $30d$ 长度范围内的断丝数报废值。如果附录 G 中没有对应的钢丝绳结构，按钢丝绳内承载钢丝的总数（不包括填充丝在内的外层绳股的钢丝总数）在表 3 中读取相应的 $6d$ 和 $30d$ 长度范围内的断丝数报废值。

对附录 G 中的阻旋转钢丝绳，根据其相应的钢丝绳类别编号（RCN）在表 4 中读取 $6d$ 和 $30d$ 长度范围内的断丝数报废值。如果附录 G 中没有对应的钢丝绳结构，按钢丝绳外层股数和外层股内承载钢丝的总数（不包括填充丝在内的外层绳股的钢丝总数）在表 4 中读取相应的 $6d$ 和 $30d$ 长度范围内的断丝数报废值。

6.2.3 非工作原因导致的断丝

运输、贮存、装卸、安装、制造等原因可能导致个别钢丝断裂。这种独立的断丝现象不是由工作过程中的劣化（如作为表3和表4中数值的主要基础的弯曲疲劳）引起的，在检查钢丝绳断丝时通常不将这种断丝计算在内。发现这种断丝应进行记录，可为将来的检验提供帮助。

如果这种断丝的端部从钢丝绳内伸出，可能会导致某些潜在的局部劣化，应将其去除，去除方法见4.7。

图7 弯曲钢丝绳常常会暴露出隐藏在绳股之间股沟内的断丝

6.2.4 单层和平行捻密实钢丝绳

表3 单层股钢丝绳和平行捻密实钢丝绳中达到报废程度的最少可见断丝数

钢丝绳类别编号 RCN（参见附录G）	外层股中承载钢丝的总数[a] n	可见外部断丝的数量[b]					
		在钢制滑轮上工作和/或单层缠绕在卷筒上的钢丝绳区段（钢丝断裂随机分布）				多层缠绕在卷筒上的钢丝绳区段[c]	
		工作级别 M1 ~ M4 或未知级别[d]				所有工作级别	
		交互捻		同向捻		交互捻和同向捻	
		$6d$[e] 长度范围内	$30d$[e] 长度范围内	$6d$[e] 长度范围内	$30d$[e] 长度范围内	$6d$[3] 长度范围内	$30d$[e] 长度范围内
01	$n \leqslant 50$	2	4	1	2	4	8
02	$51 \leqslant n \leqslant 75$	3	6	2	3	6	12

续表

钢丝绳类别编号 RCN（参见附录 G）	外层股中承载钢丝的总数[a]n	可见外部断丝的数量[b]					
		在钢制滑轮上工作和/或单层缠绕在卷筒上的钢丝绳区段（钢丝断裂随机分布）				多层缠绕在卷筒上的钢丝绳区段[c]	
		工作级别 M1～M4 或未知级别[d]				所有工作级别	
		交互捻		同向捻		交互捻和同向捻	
		$6d$[e] 长度范围内	$30d$[e] 长度范围内	$6d$[e] 长度范围内	$30d$[e] 长度范围内	$6d$[3] 长度范围内	$30d$[e] 长度范围内
03	$76 \leqslant n \leqslant 100$	4	8	2	4	8	16
04	$101 \leqslant n \leqslant 120$	5	10	2	5	10	20
05	$121 \leqslant n \leqslant 140$	6	11	3	6	12	22
06	$141 \leqslant n \leqslant 160$	6	13	3	6	12	26
07	$161 \leqslant n \leqslant 180$	7	14	4	7	14	28
08	$181 \leqslant n \leqslant 200$	8	16	4	8	16	32
09	$201 \leqslant n \leqslant 220$	9	18	4	9	18	36
10	$221 \leqslant n \leqslant 240$	10	19	5	10	20	38
11	$241 \leqslant n \leqslant 260$	10	21	5	10	20	42
12	$261 \leqslant n \leqslant 280$	11	22	6	11	22	44
13	$281 \leqslant n \leqslant 300$	12	24	6	12	24	48
	$n > 300$	$0.04n$	$0.08n$	$0.02n$	$0.04n$	$0.08n$	$0.16n$

注：对于外股为西鲁式结构且每股的钢丝数≤19 的钢丝绳（例如 6×19Seale），在表中的取值位置为其“外层股中承载钢丝总数”所在行之上的第二行。

a. 在本标准中，填充钢丝不作为承载钢丝，因而不包括在 n 值之中。
b. 一根断丝有两个断头（按一根断丝计数）。
c. 这些数值适用于交叉重叠区域和由于钢丝绳偏角影响的缠绕绳圈之间干涉引起的劣化（不适用于只在滑轮上工作而不在卷筒上缠绕的区段）。
d. 机构的工作级别为 M5～M8 时，断丝数可取表中数值的两倍。
e. d——钢丝绳公称直径。

6.2.5 阻旋转钢丝绳

表4 阻旋转钢丝绳中达到报废程度的最少可见断丝数

钢丝绳类别编号RCN（参见附录G）	钢丝绳外层股数和外层股中承载钢丝总数[a] n	可见断丝数量[b]			
		在钢制滑轮上工作和/或单层缠绕在卷筒上的钢丝绳区段		多层缠绕在卷筒上的钢丝绳区段[c]	
		$6d$[d] 长度范围内	$30d$[d] 长度范围内	$6d$[d] 长度范围内	$30d$[d] 长度范围内
21	4股 $n \leqslant 100$	2	4	2	4
22	3股或4股 $n \geqslant 100$	2	4	4	8
	至少11个外层股				
23-1	$71 \leqslant n \leqslant 100$	2	4	4	8
23-2	$101 \leqslant n \leqslant 120$	3	5	5	10
23-3	$121 \leqslant n \leqslant 140$	3	5	6	11
24	$141 \leqslant n \leqslant 160$	3	6	6	13
25	$161 \leqslant n \leqslant 180$	4	7	7	14
26	$181 \leqslant n \leqslant 200$	4	8	8	16
27	$201 \leqslant n \leqslant 220$	4	9	9	18
28	$221 \leqslant n \leqslant 240$	5	10	10	19
29	$241 \leqslant n \leqslant 260$	5	10	10	21
30	$261 \leqslant n \leqslant 280$	6	11	11	22
31	$281 \leqslant n \leqslant 300$	6	12	12	24
	$n > 300$	6	12	12	24

注：对于外股为西鲁式结构且每股的钢丝数≤19的钢丝绳（例如18×19Seale-WSC），在表中的取值位置为其“外层股中承载钢丝总数”所在行之上的第二行。

a. 在本标准中，填充钢丝不作为承载钢丝，因而不包括在 n 值之中。

b. 一根断丝有两个断头（按一根断丝计数）。

c. 这些数值适用于交叉重叠区域和由于钢丝绳偏角影响的缠绕绳圈之间干涉引起的劣化（不适用于只在滑轮上工作而不在卷筒上缠绕的区段）。

d. d——钢丝绳公称直径。

6.3　钢丝绳直径的减小

6.3.1　沿钢丝绳长度等值减小

在卷筒上单层缠绕和/或经过钢制滑轮的钢丝绳区段，直径等值减小的报废基准值见表 5 中的粗体字。这些数值不适用于交叉重叠区域或其他由于多层缠绕导致类似变形的区段。

计算减小量的参考直径是钢丝绳的非工作区段在钢丝绳开始使用后立即测量的直径。直径减小量的计算方法及其与公称直径百分比的表示应按 6.3.2 的规定。

表 5 给出了直径等值减小的等效值，用钢丝绳公称直径的百分比表示，将严重程度分级以 20% 为单位增量来表示（即 20%、40%、60%、80%、100%）。也可以选择其他的严重程度分级方法，如用 25% 作为单位增量（即 25%、50%、75%、100%）。

表 5　直径等值减小的报废基准——单层缠绕卷筒和钢制滑轮上的钢丝绳

钢丝绳类型	直径的等值减小量 Q（用公称直径的百分比表示）	严重程度分级	
		程度	%
纤维芯单层股钢丝绳	$Q<6\%$	—	0
	$6\%\leqslant Q<7\%$	**轻度**	20
	$7\%\leqslant Q<8\%$	**中度**	40
	$8\%\leqslant Q<9\%$	**重度**	60
	$9\%\leqslant Q<10\%$	**严重**	80
	$Q\geqslant 10\%$	**报废**	100
钢芯单层股钢丝绳或平行捻密实钢丝绳	$Q<3.5\%$	—	0
	$3.5\%\leqslant Q<4.5\%$	**轻度**	20
	$4.5\%\leqslant Q<5.5\%$	**中度**	40
	$5.5\%\leqslant Q<6.5\%$	**重度**	60
	$6.5\%\leqslant Q<7.5\%$	**严重**	80
	$Q\geqslant 7.5\%$	**报废**	100

续表

钢丝绳类型	直径的等值减小量 Q（用公称直径的百分比表示）	严重程度分级	
		程度	%
阻旋转钢丝绳	$Q<1\%$	—	0
	$1\% \leqslant Q<2\%$	轻度	20
	$2\% \leqslant Q<3\%$	中度	40
	$3\% \leqslant Q<4\%$	重度	60
	$4\% \leqslant Q<5\%$	严重	80
	$Q \geqslant 5\%$	报废	100

6.3.2 确定直径等值减小量及将其表示为公称直径百分比的计算

用公称直径百分比表示的直径等值减小，用式（1）计算：

$$Q=[(d_{ref}-d_m)/d]\times 100\% \qquad (1)$$

式中：d_{ref}——参考直径；

d_m——实测直径；

d——公称直径。

示例1：直径为40 mm的6×36-IWRC钢丝绳，参考直径为41.2 mm，检测时的实测直径为39.5 mm，直径减小百分比为：

$$[(41.2-39.5)/40]\times 100\% = 4.25\%$$

注1：从表5中查得，与其对应的，因直径等值减小而趋于报废的严重程度分级为20%（轻度）。

注2：当钢丝绳从参考直径减小公称直径的7.5%即3 mm时，就达到报废基准。此时的报废直径为38.2 mm。

示例2：同样的钢丝绳，检测时的实测直径为38.5 mm，直径减小百分比为：

$$[(41.2-38.5)/40]\times 100\% = 6.75\%$$

注3：从表5中查得，严重程度分级为80%（严重）。

6.3.3 局部减小

如果发现直径有明显的局部减小，如由绳芯或钢丝绳中心区损伤导致的直径局部减小，应报废该钢丝绳（如与绳股凹陷有关的直径减小，参见图 B.3）。

6.4 断股

如果钢丝绳发生整股断裂，则应立即报废。

6.5 腐蚀

报废基准和腐蚀严重程度分级见表 6。

表 6 腐蚀报废基准和严重程度分级

腐蚀类型	状态	严重程度分级
外部腐蚀[a]	表面存在氧化迹象，但能够擦净 钢丝表面手感粗糙 钢丝表面重度凹痕以及钢丝松弛[b]	浅表——0% 重度——60%[c] 报废——100%
内部腐蚀[d]	内部腐蚀的明显可见迹象——腐蚀碎屑从外绳股之间的股沟溢出[e]	报废——100%或如果主管人员认为可行，则按附录 C 所给的步骤进行内部检验
摩擦腐蚀	摩擦腐蚀过程为：干燥钢丝和绳股之间的持续摩擦产生钢质微粒的移动，然后是氧化，并产生形态为干粉（类似红铁粉）状的内部腐蚀碎屑	对此类迹象特征宜作进一步探查，若仍对其严重性存在怀疑，宜将钢丝绳报废（100%）

a. 实例参见图 B.11 和图 B.12。钢丝绳外部腐蚀进程的实例，参见附录 H。
b. 对其他中间状态，宜对其严重程度分级做出评估（即在综合影响中所起的作用）。
c. 镀锌钢丝的氧化也会导致钢丝表面手感粗糙，但是总体状况可能不如非镀锌钢丝严重。在这种情况下，检验人员可以考虑将表中所给严重程度分级降低一级作为其在综合影响中所起的作用。
d. 实例参见图 B.19。
e. 虽然对内部腐蚀的评估是主观的，但如果对内部腐蚀的严重程度有怀疑，就宜将钢丝绳报废。

注：内部腐蚀或摩擦腐蚀能够导致直径增大。

评估腐蚀范围时，重要的是区分钢丝腐蚀和由于外来颗粒氧化而产生的钢丝绳表面腐蚀之间的差异。

在评估前，应将钢丝绳的拟检测区段擦净或刷净，但不宜使用溶剂清洗。

6.6　畸形和损伤

6.6.1　总则

钢丝绳失去正常形状而产生的可见形状畸变都属于畸形。畸形通常发生在局部，会导致畸形区域的钢丝绳内部应力分布不均匀。

畸形和损伤会以多种方式表现出来，在6.6.2～6.6.10中给出了较常见的几种类型的报废基准。只要钢丝绳的自身状态被认为是危险的，就应立即报废。

6.6.2　波浪形

在任何条件下，只要出现以下情况之一，钢丝绳就应报废（见图8）：

a）在从未经过、绕进滑轮或缠绕在卷筒上的钢丝绳直线区段上，直尺和螺旋面下侧之间的间隙 $g \geq 1/3 \times d$；

b）在经过滑轮或缠绕在卷筒上的钢丝绳区段上，直尺和螺旋面下侧之间的间隙 $g \geq 1/10 \times d$。

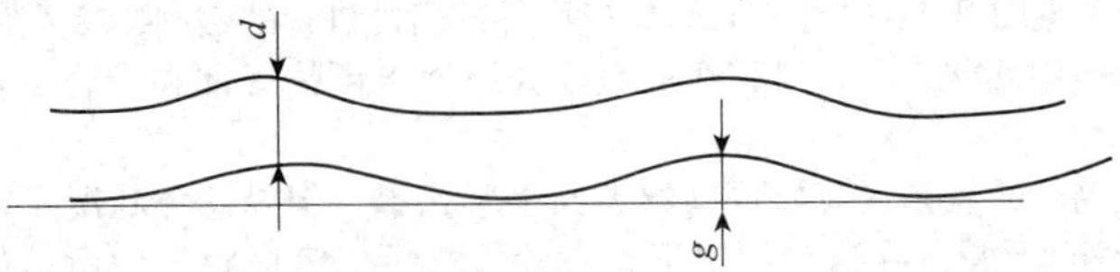

说明：d——钢丝绳公称直径；

g——间隙。

图8　波浪形钢丝绳

注：波浪形钢丝绳的实例参见图B.8。

6.6.3 笼状畸形

出现篮形或灯笼状畸形（参见图 B.9）的钢丝绳应立即报废，或者将受影响的区段去掉，但应保证余下的钢丝绳能够满足使用要求。

6.6.4 绳芯或绳股突出或扭曲

发生绳芯或绳股突出（参见图 B.2、图 B.4）的钢丝绳应立即报废，或者将受影响的区段去掉，但应保证余下的钢丝绳能够满足使用要求。

注：这是篮形或灯笼状畸形的一种特殊类型，其表征为绳芯或钢丝绳外层股之间中心部分的突出，或者外层股或股芯的突出。

6.6.5 钢丝的环状突出

钢丝突出通常成组出现在钢丝绳与滑轮槽接触面的背面，发生钢丝突出的钢丝绳应立即报废（参见图 B.1）。

注：钢丝绳外层股之间突出的单根绳芯钢丝，如果能够除掉或在工作时不会影响钢丝绳的其他部分，可以不必将其作为报废钢丝绳的理由。

6.6.6 绳径局部增大

钢芯钢丝绳直径增大 5% 及以上，纤维芯钢丝绳直径增大 10% 及以上，应查明其原因并考虑报废钢丝绳（参见图 B.16）。

注：钢丝绳直径增大可能会影响相当长的一段钢丝绳，例如纤维绳芯吸收了过多的潮气膨胀引起的直径增大，会使外层绳股受力不均衡而不能保持正确的旋向。

6.6.7 局部扁平

钢丝绳的扁平区段经过滑轮时，可能会加速劣化并出现断丝。此时，不必根据扁平程度就可考虑报废钢丝绳。

在标准索具中的钢丝绳扁平区段可能会比正常绳段遭受更大程度的腐蚀，尤其是当外层绳股散开使湿气进入时。如果继续使用，就应对其进行更频繁的检查，否则宜考虑报废钢丝绳。

由于多层缠绕而导致钢丝绳的局部扁平，如果伴随扁平出现的断丝数不超过表3 和表4 规定的数值，可不报废。

图 B. 5 和图 B. 18 是两种不同的扁平类型。

6. 6. 8　扭结

发生扭结的钢丝绳应立即报废（参见图 B. 6、图 B. 7、图 B. 17）。

注：扭结是一段环状钢丝绳在不能绕其自身轴线旋转的状态下被拉紧而产生的一种畸形。扭结使钢丝绳捻距不均导致过度磨损，严重的扭曲会使钢丝绳强度大幅降低。

6. 6. 9　折弯

折弯严重的钢丝绳区段经过滑轮时可能会很快劣化并出现断丝，应立即报废钢丝绳。

如果折弯程度并不严重，钢丝绳需要继续使用时，应对其进行更频繁的检查，否则宜考虑报废钢丝绳。

注：折弯是钢丝绳由外部原因导致的一种角度畸形。

通过主观判断确定钢丝绳的折弯程度是否严重。如果在折弯部位的底面伴随有折痕，无论其是否经过滑轮，均宜看作严重折弯。

6. 6. 10　热和电弧引起的损伤

通常在常温下工作的钢丝绳，受到异常高温的影响，外观能够看出钢丝被加热过后颜色的变化或钢丝绳上润滑脂的异常消失，应立即报废。

如果钢丝绳的两根或更多的钢丝局部受到电弧影响（例如焊接引线不正确的接地所导致的电弧），应报废。这种情况会出现在钢丝绳上的电流进出点上。

附录 A
（资料性附录）
需要特别严格检查的关键部位

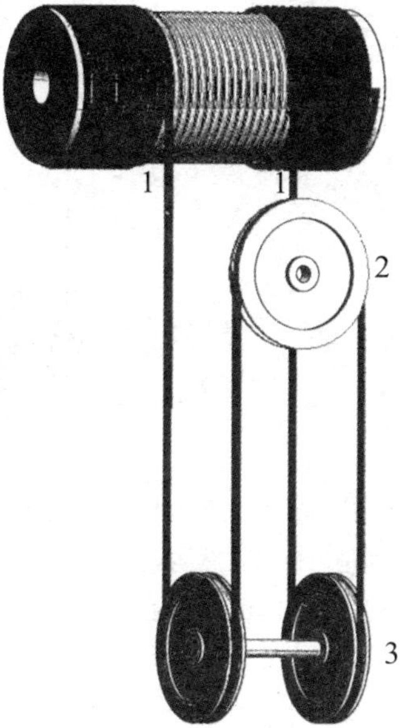

说明：

1——载荷吊起时缠绕在卷筒上的区段和其他发生最严重干涉的区段（通常与钢丝绳最大偏角同时出现）；

2——载荷吊起时钢丝绳进入滑轮组的区段；

3——直接与平衡滑轮接触的区段，特别是在进入点处。

图 A.1 单层缠绕

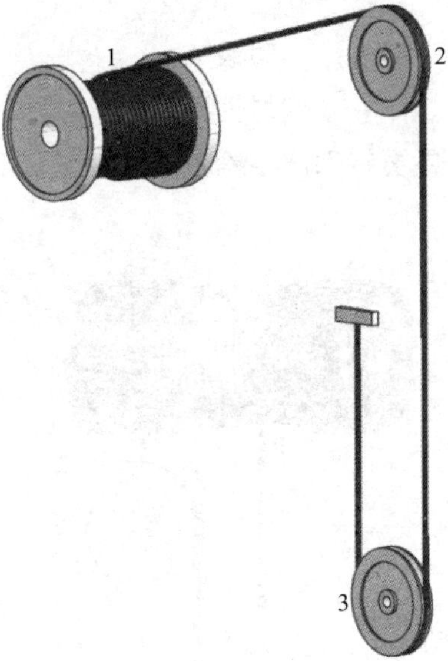

说明：

1——交叉重叠区和发生最严重干涉的区段（通常与钢丝绳最大偏角同时出现）；

2——载荷吊起时钢丝绳进入顶部滑轮的区段；

3——载荷吊起时钢丝绳进入下部滑轮组的区段。

图 A.2　多层缠绕

附录 B
（资料性附录）
典型的劣化模式

表 B. 1 列出了钢丝绳可能出现的缺陷及其相应的报废基准。图 B. 1 ~ 图 B. 19 给出了各种缺陷的典型实例。

表 B. 1 钢丝绳缺陷

图	缺陷	对应章条
B. 1	钢丝突出	6. 6. 5
B. 2	绳芯突出——单层钢丝绳	6. 6. 4
B. 3	钢丝绳直径局部减小（绳股凹陷）	6. 3
B. 4	绳股突出或扭曲	6. 6. 4
B. 5	局部扁平	6. 6. 7
B. 6	扭结（正向）	6. 6. 8
B. 7	扭结（反向）	6. 6. 8
B. 8	波浪形	6. 6. 2
B. 9	笼状畸形	6. 6. 3
B. 10	外部磨损	5. 3. 1、表 1 和 E. 2
B. 11	外部腐蚀	6. 5
B. 12	图 B. 11 的局部放大	6. 5
B. 13	股顶断丝	6. 2
B. 14	股沟断丝	6. 2
B. 15	阻旋转钢丝绳的内绳突出	E. 4 c)
B. 16	绳芯扭曲引起的钢丝绳直径局部增大	6. 6. 6
B. 17	扭结	6. 6. 8
B. 18	局部扁平	6. 6. 7
B. 19	内部腐蚀	6. 5

图 B.1　钢丝突出

图 B.2　绳芯突出——单层钢丝绳

图 B.3　钢丝绳直径局部减小（绳股凹陷）

图 B.4　绳股突出或扭曲

图 B.5　局部扁平

图 B.6　扭结（正向）

图 B.7　扭结（反向）

图 B.8　波浪形

图 B.9　笼状畸形

图 B.10　外部磨损

图 B. 11　外部腐蚀

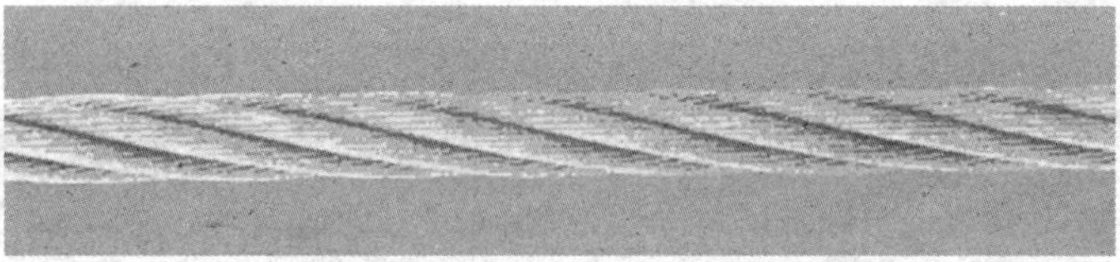

图 B. 12　图 B. 11 的局部放大

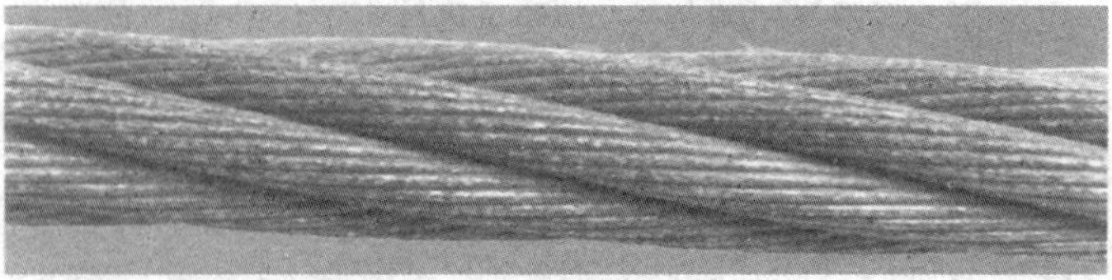

图 B. 13　股顶断丝

图 B. 14　股沟断丝

图 B. 15　阻旋转钢丝绳的内绳突出

图 B. 16 绳芯扭曲引起的钢丝绳直径局部增大

图 B. 17 扭结

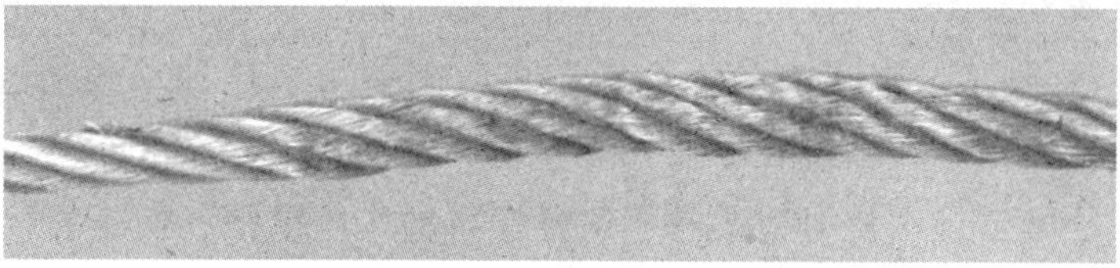

图 B. 18 局部扁平

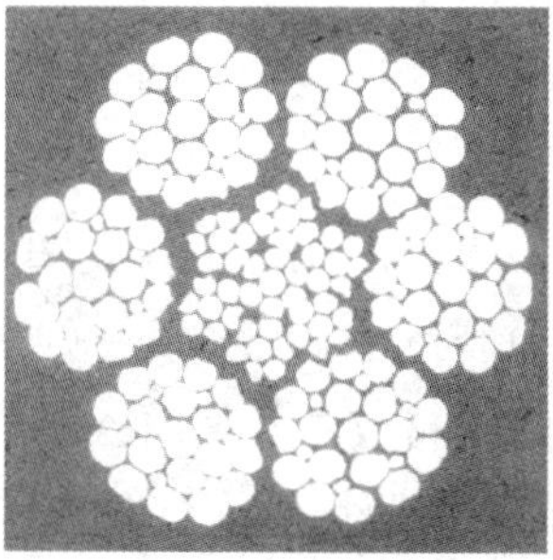

图 B. 19 内部腐蚀

附录四 建筑施工升降机安装、使用、拆卸安全技术规程（JGJ 215—2010）（摘录）

3 基本规定

3.0.1 施工升降机安装单位应具备建设行政主管部门颁发的起重设备安装工程专业承包资质和建筑施工企业安全生产许可证。

3.0.2 施工升降机安装、拆卸项目应配备与承担项目相适应的专业安装作业人员以及专业安装技术人员。施工升降机的安装拆卸工、电工、司机等应具有建筑施工特种作业操作资格证书。

3.0.3 施工升降机使用单位应与安装单位签订施工升降机安装、拆卸合同，明确双方的安全生产责任。实行施工总承包的，施工总承包单位应与安装单位签订施工升降机安装、拆卸工程安全协议书。

3.0.4 施工升降机应具有特种设备制造许可证、产品合格证、使用说明书、起重机械制造监督检验证书，并已在产权单位工商注册所在地县级以上建设行政主管部门备案登记。

3.0.5 施工升降机安装作业前，安装单位应编制施工升降机安装、拆卸工程专项施工方案，由安装单位技术负责人批准后，报送施工总承包单位或使用单位、监理单位审核，并告知工程所在地县级以上建设行政主管部门。

3.0.6 施工升降机的类型、型号和数量应能满足施工现场货物尺寸、运载重量、运载频率和使用高度等方面的要求。

3.0.7　当利用辅助起重设备安装、拆卸施工升降机时，应对辅助设备设置位置、锚固方法和基础承载能力等进行设计和验算。

3.0.8　施工升降机安装、拆卸工程专项施工方案应根据使用说明书的要求、作业场地及周边环境的实际情况、施工升降机使用要求等编制。当安装、拆卸过程中专项施工方案发生变更时，应按程序更新对方案进行审批，未经审批不得继续进行安装、拆卸作业。

3.0.9　施工升降机安装、拆卸工程专项施工方案应包括下列主要内容：

1　工程概况；

2　编制依据；

3　作业人员组织和职责；

4　施工升降机安装位置平面、立面图和安装作业范围平面图；

5　施工升降机技术参数、主要零部件外形尺寸和重量；

6　辅助起重设备的种类、型号、性能及位置安排；

7　吊索具的配置、安装与拆卸工具及仪器；

8　安装、拆卸步骤与方法；

9　安全技术措施；

10　安全应急预案。

4　施工升降机的安装

4.1　安装条件

4.1.1　施工升降机地基、基础应满足使用说明书的要求。对基础设置在地下室顶板、楼面或其他下部悬空结构上的施工升降机，应对基础支撑结构进行承载力验算。施工升降机安装前应按本规程附录A对基础进行验收，合格后方能安装。

4.1.2　安装作业前，安装单位应根据施工升降机基础验收表、隐蔽工程验收单和混凝土强度报告等相关资料，确认所安装的施工升降机和辅助起重设备的基础、地基承载力、预埋件、基础排水措施等符合施工升降机安装、拆卸工程专项施工方案的要求。

4.1.3　施工升降机安装前应对各部件进行检查。对有可见裂纹的构件应进行修复或更换，对有严重锈蚀、严重磨损、整体或局部变形的构件必须进行更换，符合产品标准的有关规定后方能进行安装。

4.1.4　安装作业前，应对辅助起重设备和其他安装辅助用具的机械性能和安全性能进行检查，合格后方能投入作业。

4.1.5　安装作业前，安装技术人员应根据施工升降机安装、拆卸工程专项施工方案和使用说明书的要求，对安装作业人员进行安全技术交底，并由安装作业人员在交底书上签字。在施工期间内，交底书应留存备查。

4.1.6　有下列情况之一的施工升降机不得安装使用：

1　属国家明令淘汰或禁止使用的；

2　超过由安全技术标准或制造厂家规定使用年限的；

3　经检验达不到安全技术标准规定的；

4　无完整安全技术档案的；

5　无齐全有效的安全保护装置的。

4.1.7　施工升降机必须安装防坠安全器。防坠安全器应在一年有效标定期内使用。

4.1.8　施工升降机应安装超载保护装置。超载保护装置在载荷达到额定载重量的110%前应能中止吊笼启动，在齿轮齿条式载人施工升降机载荷达到额定载重量的90%时应能给出报警信号。

4.1.9　附墙架附着点处的建筑结构承载力应满足施工升降机使用说明书的要求。

4.1.10　施工升降机的附墙架形式、附着高度、垂直间距、附着点水平距离、附墙架与水平面之间的夹角、导轨架自由端高度和导轨架与主体结构间水平距离等均应符合使用说明书的要求。

4.1.11　当附墙架不能满足施工现场要求时，应对附墙架另行设计。附墙架的设计应满足构件刚度、强度、稳定性等要求，制作应满足设计要求。

4.1.12　在施工升降机使用期限内，非标准构件的设计计算书、图纸、施工升降机安装工程专项施工方案及相关资料应在工地存档。

4.1.13　基础预埋件、连接构件的设计、制作应符合使用说明书的要求。

4.1.14　安装前应做好施工升降机的保养工作。

4.2　安装作业

4.2.1　安装作业人员应按施工安全技术交底内容进行作业。

4.2.2　安装单位的专业技术人员、专职安全生产管理人员应进行现场监督。

4.2.3　施工升降机的安装作业范围应设置警戒线及明显的警示标志。非作业人员不得进入警戒范围。任何人不得在悬吊物下方行走或停留。

4.2.4　进入现场的安装作业人员应佩戴安全防护用品，高处作业人员应系安全带，穿防滑鞋。作业人员严禁酒后作业。

4.2.5　安装作业中应统一指挥，明确分工。危险部位安装时应采取可靠的防护措施。当指挥信号传递困难时，应使用对讲机等通信工具进行指挥。

4.2.6　当遇大雨、大雪、大雾或风速大于13 m/s等恶劣天气时，应停止安装作业。

4.2.7　电气设备安装应按施工升降机使用说明书的规定进行，安装用电应符合《施工现场临时用电安全技术规范》（JGJ 46）

的规定。

4.2.8　施工升降机金属结构和电气设备金属外壳均应接地，接地电阻不应大于4 Ω。

4.2.9　安装时应确保施工升降机运行通道内无障碍物。

4.2.10　安装作业时必须将按钮盒或操作盒移至吊笼顶部操作。当导轨架或附墙架上有人员作业时，严禁开动施工升降机。

4.2.11　传递工具或器材不得采用投掷的方式。

4.2.12　在吊笼顶部作业前应确保吊笼顶部护栏齐全完好。

4.2.13　吊笼顶上所有的零件和工具应放置平稳，不得超出安全护栏。

4.2.14　安装作业过程中安装作业人员和工具等总载荷不得超过施工升降机的额定安装载重量。

4.2.15　当安装吊杆上有悬挂物时，严禁开动施工升降机。严禁超载使用安装吊杆。

4.2.16　层站应为独立受力体系，不得搭设在施工升降机附墙架的立杆上。

4.2.17　当需安装导轨架加厚标准节时，应确保普通标准节和加厚标准节的安装部位正确，不得用普通标准节替代加厚标准节。

4.2.18　导轨架安装时，应对施工升降机导轨架的垂直度进行测量校准。施工升降机导轨架安装垂直度偏差应符合使用说明书和表4.2.18的规定。

表4.2.18　安装垂直度偏差

导轨架架设高度 h/m	$h\leq70$	$70<h\leq100$	$100<h\leq150$	$150<h\leq200$	$h>200$
垂直度偏差/mm	不大于1 000 h	≤70	≤90	≤110	≤130
	对钢丝绳式施工升降机，垂直度偏差不大于1.5/1 000 h				

4.2.19 接高导轨架标准节时，应按使用说明书的规定进行附墙连接。

4.2.20 每次加节完毕后，应对施工升降机导轨架的垂直度进行校正，且应按规定及时重新设置行程限位和极限限位，经验收合格后方能运行。

4.2.21 连接件和连接件之间的防松防脱件应符合使用说明书的规定，不得用其他物件代替。对有预紧力要求的连接螺栓，应使用扭力扳手或专用工具，按规定的拧紧次序将螺栓准确地紧固到规定的扭矩值。安装标准节连接螺栓时，宜螺杆在下，螺母在上。

4.2.22 施工升降机最外侧边缘与外面架空输电线路的边线之间，应保持安全操作距离。最小安全操作距离应符合表4.2.22的规定。

表4.2.22 最小安全操作距离

外电线电路电压/kV	<1	1~10	35~110	220	330~500
最小安全操作距离/m	4	6	8	10	15

4.2.23 当发现故障或危及安全的情况时，应立刻停止安装作业，采取必要的安全防护措施，应设置警示标志并报告技术负责人。在故障或危险情况未排除之前，不得继续安装作业。

4.2.24 当遇意外情况不能继续安装作业时，应使已安装的部件达到稳定状态并固定牢靠，经确认合格后方能停止作业。作业人员下班离岗时，应采取必要的防护措施，并应设置明显的警示标志。

4.2.25 安装完毕后应拆除为施工升降机安装作业而设置的所有临时设施，清理施工场地上作业时所用的索具、工具、辅助用具、各种零配件和杂物等。

4.3 安装自检和验收

4.3.1 施工升降机安装完毕且经调试后，安装单位应按本规程及使用说明书的有关要求对安装质量进行自检，并应向使用单位进行安全使用说明。

4.3.2 安装单位自检合格后，应经有相应资质的检验检测机构监督检验。

4.3.3 检验合格后，使用单位应组织租赁单位、安装单位和监理单位等进行验收。实行施工总承包的，应由施工总承包单位组织验收。施工升降机安装验收应按本规程进行。

4.3.4 严禁使用未经验收或验收不合格的施工升降机。

4.3.5 使用单位应自施工升降机安装验收合格之日起 30 日内，将施工升降机安装验收资料、施工升降机安全管理制度、特种作业人员名单等，向工程所在地县级以上建设行政主管部门办理使用登记备案。

4.3.6 安装自检表、检测报告和验收记录等应纳入设备档案。

5.3.1 在每天开工前和每次换班前，施工升降机司机应按使用说明书及本规程附录 E 的要求对施工升降机进行检查。对检查结果应进行记录，发现问题应向使用单位报告。

5.3.2 在使用期间，使用单位应每月组织专业技术人员按本规程附录 F 对施工升降机进行检查，并对检查结果进行记录。

5.3.3 当遇到可能影响施工升降机安全技术性能的自然灾害、发生设备事故或停工 6 个月以上时，应对施工升降机重新组织检查验收。

5.3.4 应按使用说明书的规定对施工升降机进行保养、维修。保养、维修的时间间隔应根据使用频率、操作环境和施工升降机状况等因素确定。使用单位应在施工升降机使用期间安排足够的设备保养、维修时间。

5.3.5 对保养和维修后的施工升降机，经检测确认各部件状态良好后，宜对施工升降机进行额定载重量试验。双吊笼施工升降机应对左右吊笼分别进行额定载重量试验。试验范围应包括施工升降机正常运行的所有方面。

5.3.6 施工升降机使用期间，每3个月应进行不少于一次的额定载重量坠落试验。坠落试验的方法、时间间隔及评定标准应符合使用说明书和《施工升降机》（GB/T 10054）的有关要求。

5.3.7 对施工升降机进行检修时应切断电源，并应设置醒目的警示标志。当需通电检修时，应做好防护措施。

5.3.8 不得使用未排除安全隐患的施工升降机。

5.3.9 严禁在施工升降机运行中进行保养、维修作业。

5.3.10 施工升降机保养过程中，对磨损、破坏程度超过规定的部件，应及时进行维修或更换，并由专业技术人员检查验收。

5.3.11 应将各种与施工升降机检查、保养和维修相关的记录纳入安全技术档案，并在施工升降机使用期间内在工地存档。

6.0.1 拆卸前应对施工升降机的关键部件进行检查，当发现问题时，应在问题解决后方能进行拆卸作业。

6.0.2 施工升降机拆卸作业应符合拆卸工程专项施工方案的要求。

6.0.3 应有足够的工作面作为拆卸场地，应在拆卸场地周围设置警戒线和醒目的安全警示标志，并应派专人监护。拆卸施工升降机时，不得在拆卸作业区域内进行与拆卸无关的其他作业。

6.0.4 夜间不得进行施工升降机的拆卸作业。

6.0.5 拆卸附墙架时施工升降机导轨架的自由端高度应始终满足使用说明书的要求。

6.0.6 应确保与基础相连的导轨架在最后一个附墙架拆除后，仍能保持各方向的稳定性。

6.0.7 施工升降机拆卸应连续作业。当拆卸作业不能连续完成时，应根据拆卸状态采取相应的安全措施。

6.0.8 吊笼未拆除之前，非拆卸作业人员不得在地面防护围栏内、施工升降机运行通道内、导轨架内以及附墙架上等区域活动。

6.0.9 拆卸作业还应符合本规程第4.2节的有关规定。

附录五　建筑施工安全检查标准（JGJ 59—2011）（摘录）

3.16.1　施工升降机检查评定应符合《施工升降机安全规程》（GB 10055）和《建筑施工升降机安装、使用、拆卸安全技术规程》（JGJ 215）的规定。

3.16.2　施工升降机检查评定保证项目应包括：安全装置、限位装置、防护设施、附墙架、钢丝绳、滑轮与对重、安拆、验收与使用。一般项目应包括：导轨架、基础、电气安全、通信装置。

3.16.3　施工升降机保证项目的检查评定应符合下列规定：

1　安全装置

1）应安装起重量限制器，并应灵敏可靠；

2）应安装渐进式防坠安全器并应灵敏可靠，应在有效的标定期内使用；

3）对重钢丝绳应安装防松绳装置，并应灵敏可靠；

4）吊笼的控制装置应安装非自动复位型的急停开关，任何时候均可切断控制电路停止吊笼运行；

5）底架应安装吊笼和对重缓冲器，缓冲器应符合规范要求；

6）SC 型施工升降机应安装一对以上安全钩。

2　限位装置

1）应安装非自动复位型极限开关并应灵敏可靠；

2）应安装自动复位型上、下限位开关并应灵敏可靠，上、下限位开关安装位置应符合规范要求；

3）上极限开关与上限位开关之间的安全越程不应小于0.15 m；

4）极限开关、限位开关应设置独立的触发元件；

5）吊笼门应安装机电联锁装置并应灵敏可靠；

6）吊笼顶窗应安装电气安全开关并应灵敏可靠。

3　防护设施

1）吊笼和对重升降通道周围应安装地面防护围栏，防护围栏的安装高度、强度应符合规范要求，围栏门应安装机电联锁装置并应灵敏可靠；

2）地面出入通道防护棚的搭设应符合规范要求；

3）停层平台两侧应设置防护栏杆、挡脚板，平台脚手板应铺满、铺平；

4）层门安装高度、强度应符合规范要求，并应定型化。

4　附墙架

1）附墙架应采用配套标准产品，当附墙架不能满足施工现场要求时，应对附墙架另行设计，附墙架的设计应满足构件刚度、强度、稳定性等要求，制作应满足设计要求；

2）附墙架与建筑结构连接方式、角度应符合产品说明书要求；

3）附墙架间距、最高附着点以上导轨架的自由高度应符合产品说明书要求。

5　钢丝绳、滑轮与对重

1）对重钢丝绳绳数不得少于2根且应相互独立；

2）钢丝绳磨损、变形、锈蚀应在规范允许范围内；

3）钢丝绳的规格、固定应符合产品说明书及规范要求；

4）滑轮应安装钢丝绳防脱装置并应符合规范要求；

5）对重重量、固定应符合产品说明书要求；

6）对重除导向轮、滑靴外应设有防脱轨保护装置。

6　安拆、验收与使用

1）安装、拆卸单位应具有起重设备安装工程专业承包资质和安全生产许可证；

2）安装、拆卸应制定专项施工方案，并经过审核、审批；

3）安装完毕应履行验收程序，验收表格应由责任人签字确认；

4）安装、拆卸作业人员及司机应持证上岗；

5）施工升降机作业前应按规定进行例行检查，并应填写检查记录；

6）实行多班作业，应按规定填写交接班记录。

3.16.4　施工升降机一般项目的检查评定应符合下列规定：

1　导轨架

1）导轨架垂直度应符合规范要求；

2）标准节的质量应符合产品说明书及规范要求；

3）对重导轨应符合规范要求；

4）标准节连接螺栓使用应符合产品说明书及规范要求。

2　基础

1）基础制作、验收应符合说明书及规范要求；

2）基础设置在地下室顶板或楼面结构上，应对其支承结构进行承载力验算；

3）基础应设有排水设施。

3　电气安全

1）施工升降机与架空线路的安全距离和防护措施应符合规范要求；

2）电缆导向架设置应符合说明书及规范要求；

3）施工升降机在其他避雷装置保护范围外应设置避雷装置，并应符合规范要求。

4　通信装置

通信装置应安装楼层信号联络装置，并应清晰有效。

附录六　建筑工地起重吊装“十不吊”规定

一、起重臂和吊起的重物下面有人停留或行走不准吊。

二、起重指挥应由技术培训合格的专职人员担任，无指挥或信号不清不准吊。

三、钢筋、型钢、管材等细长和多根物件必须捆扎牢靠，多点起吊。单头“千斤”或捆扎不牢靠不准吊。

四、多孔板、积灰斗、手推翻斗车不用四点吊或大模板外挂板不用卸甲不准吊。预制钢筋混凝土楼板不准双拼吊。

五、吊砌块必须使用安全可靠的砌块夹具，吊砖必须使用砖笼，并堆放整齐。木砖、预埋件等零星物件要用盛器堆放稳妥，叠放不齐不准吊。

六、楼板、大梁等吊物上站人不准吊。

七、埋入地面的板桩、井点管等以及粘连、附着的物件不准吊。

八、多机作业，应保证所吊重物距离不小于 3m，在同一轨道上多机作业，无安全措施不准吊。

九、六级以上强风区不准吊。

十、斜拉重物或超过机械允许荷载不准吊。